Macrame经典绳结编织
挂毯和小物

日本主妇之友社　编著
褚天姿　译

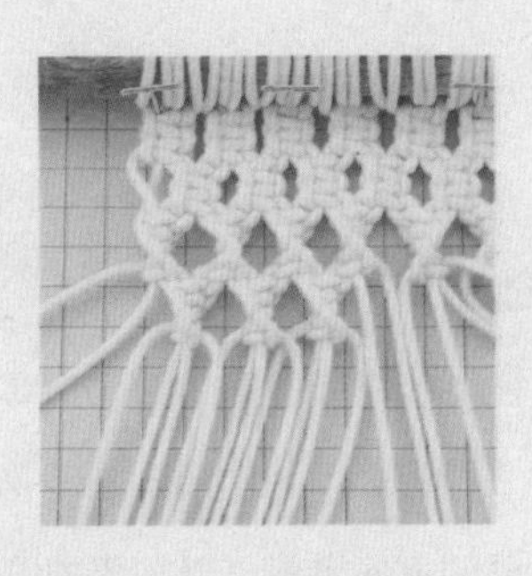
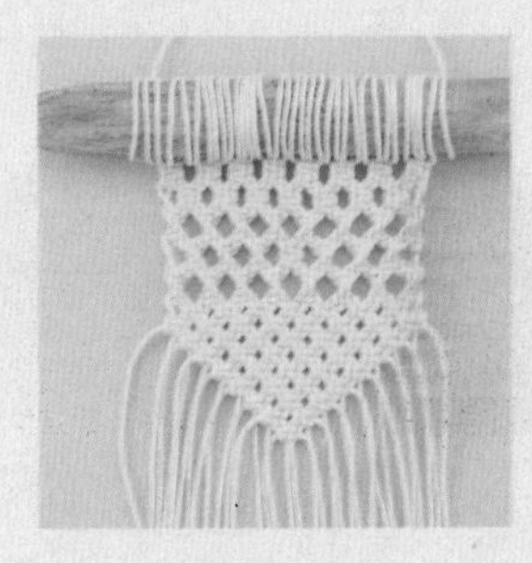

河南科学技术出版社
·郑州·

用手将绳子打结编织成物的历史是很悠久的，传说是从十字军远征时开始传播到欧洲的。日本也会将绳子编成绳索或者马鞍来使用。

从制作生活必需品演变而来的编绳，随着历史的变迁，不断加入各种装饰，演变为现在的一种艺术风格——Macrame绳结编织。

绳结编织非常简单，随时都可以开始，非常适合平时喜欢亲手做些装饰品的读者。本书中介绍的很多款作品，都是只需要使用棉绳就可以编出的淳朴或时髦的装饰品。

对于刚刚开始学习编绳的读者，书中在基本做法上也进行了详细的讲解。

看到这里，大家想挑战一下亲手编织一件小装饰吗？

目录

自然风挂毯

用棉绳编出的手工挂毯是一种自然感十足的装饰品。这个基本款挂毯做起来很简单，可以用不同颜色的绳子来制作，以搭配房间的风格。

1 基本款挂毯

改编作品 项链

这个作品用到了编绳的基础技法——平结和扭结。虽然编结方法只有两种，但是通过调整编结的数量和排列方式，能够呈现出多种样式，这就是绳结编织的魅力所在。由此改编制作的小项链，使用了细绳子，减少编结的数量，实际上使用的技法和挂毯是完全一样的。这个作品用了全彩图片对制作方法进行了详细的讲解，非常适合刚刚接触绳结编织的读者。

设计 / Märchen art studio
成品尺寸 / 挂毯（右）：约12cm×24cm
项链（左）：约3.5cm×9cm
制作方法 / p.28

2 双色斜卷结挂毯

这款挂毯由编成带状的3条绳结组成。中间这条除了变换颜色以外，还将长度加长了一些。这个款式既可以调整小菱形的样式或数量，从而调整挂毯的长短；也可以增加绳结的数量，得到更宽一些的挂毯。

设计／加藤成实
成品尺寸／约18 cm × 45 cm
制作方法／ p.42

3 带流苏的挂毯

左右两边的流苏使人印象深刻。将棉绳打散，即可打造出蓬松的作品。由中央向两边分开编的样式，增添了作品的层次感。斜向的立体条状样式为斜卷结。

设计 / macco
成品尺寸 / 约32cm×38cm
制作方法 / p.43

4 方形挂毯

这是一款大量使用卷结编织的挂毯。搭配了改变方向的斜卷结，呈现出羽毛样的纹路，再加上几行横卷结，将图案分成几个区域。横向并排的4个菱形图案，好像捕梦网一样，加入了一些祈福的元素。

设计 / 萩野 昌
成品尺寸 / 约23cm×35cm
制作方法 / p.44

5 V形带圆环挂毯

本作品并没有使用原木或是木棒，而是在圆环上面进行编织，是一件非常新颖的装饰作品。用粗绳打出的卷结和扭结，是和细绳完全不同的效果。将一定长度的棉绳打散，能制作出蓬松的穗子，可以根据自己的设计和喜好调整长度。

设计 / Märchen art studio
成品尺寸 / 约18 cm × 45 cm
制作方法 / p.45

6 黑色几何形挂毯

这是一款只用黑色绳编成的时髦作品。棉绳编织成的平面，通过互相的交错重叠，形成有趣的图案。无论是浮在表面、横竖相交的卷结形成的线条，还是编织而成的斜面，都是提升作品效果的关键点。在编织时，要注意力度的把握。

设计 / 松田纱和
成品尺寸 / 约18 cm × 63 cm
制作方法 / p.46

7~10 猫头鹰小挂饰

猫头鹰在日本一直被视为能带来好运的鸟儿，但其作为学问之神更为有名。我们用木珠来制作它大大的、圆溜溜的眼睛。用细绳子编成的小小的猫头鹰护身符，送给考生作为礼物，他们会非常高兴的。

设计 / 瞳 硝子
成品尺寸 /
7：约12cm×23cm
8、9：约9.5cm×21cm
10：约6cm×11cm
制作方法 / p.47

11 现代简洁风格门帘

阳光透过绳结的空隙照射进来，通风效果也很好，也可以作为窗帘。虽然大作品比较费时间，但是完成时的满足感非常强烈！而它也仿佛成了装饰的主角。可以根据自己的喜好调整4片帘子的顺序和样式，会得到不同的效果。

设计 / anudo
成品尺寸 / 约22cm×120cm（1片） 约88cm×120cm（4片）
制作方法 / p.53

12、13 圣诞风拼色挂毯

使用两种颜色的绳子，通过横卷结和竖卷结编织出双色图案的挂毯，这种拼色方法在手绳作品中也很常见。虽然用彩色绳子可以做出多种多样的图案，但只用两种鲜明的颜色形成的图案，能给人简洁的感觉。

设计／宅间千津
成品尺寸／约9.5cm×50cm
制作方法／ p.51

14 挂旗

把小小的旗子状的编织品连接在一起，可以用来装饰墙壁或天花板。这个作品是由1根长绳连接9面旗子制成的挂旗。这里我们使用了单色绳编织，如果每一面旗子变换一种颜色的话，丰富的色彩更加适合装饰儿童房。

设计／松田纱和
成品尺寸／约7cm×14cm(1面旗子)
制作方法／p.60

绿意盎然的植物挂饰

房间中若是出现一点绿色，整个氛围就会变得更加沉稳。吊饰不占用空间，可以轻松打造出生活中的绿色。这款作品用棉绳或是麻绳都可以编织，大家可以选择和房间搭配的材料。

15 基本款挂篮

这是一款以斜卷结为主的基本款挂篮，本书有讲解详细做法的彩图(p.35~p.40)。无论编什么样的结，在熟练掌握之前都是需要花时间练习的。此作品是同一种结重复编织，若是掌握了技巧，就会非常顺利地完成。这款作品需要制作3组相同的绳结，最适合练习斜卷结。

设计 / Uri
成品尺寸 / 长约58cm
制作方法 / p.35

16 挂袋

在挂袋中放入小小的花盆，可以装饰在家中的任何位置。挂袋的上半部分基本是平面，因此也能欣赏到挂袋的图案。为了避免挡住美丽的图案，在挑选绿植时要注意其大小。可以多制作一些，并排摆放效果也会很好。

设计 / 萩野 昌
成品尺寸 / 约14 cm × 50 cm
制作方法 / p.50

17 麻绳挂篮

用麻绳编织的挂篮包裹着花盆，让你爱上简约自然风。用金属环做芯开始编平结，逐渐向底部收缩。花盆部分编成七宝结图案，吊绳就可以简单一些。自然风的挂篮非常适合装饰阳台或阳光房。

设计 / Märchen art studio
成品尺寸 / 直径23cm、深约16cm
制作方法 / p.48

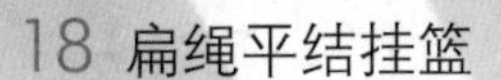

18 扁绳平结挂篮

用柔软的扁绳编织出的挂篮，给人温馨的感觉。宽度为7mm的绳子很有存在感，仿佛是在花盆上描绘出的图案一样。绳子为手工染色，因此即使是同一个结，颜色也呈现出不同的深浅变化，既提升了自然感，也更加贴近绿色的氛围。

设计 / tama5
成品尺寸 / 长约85cm
制作方法 / p.49

扮靓生活的家居装饰

不仅仅是作为装饰，生活中的一些实用物品也可以加入绳结的元素。大至抱枕套，小到杯垫，各种各样的实用物品都可以实现。

19、20 抱枕套

这个抱枕套实际上是编出一个平面然后对折，包住抱枕后，用多余的绳子将左右两侧连接起来完成的。透过抱枕套可以看到抱枕，因此绳子的颜色要和抱枕的布料相搭配，这样效果会更好。

设计 / 宅间千津
成品尺寸 / 各约45cm×40cm
制作方法 / p.57

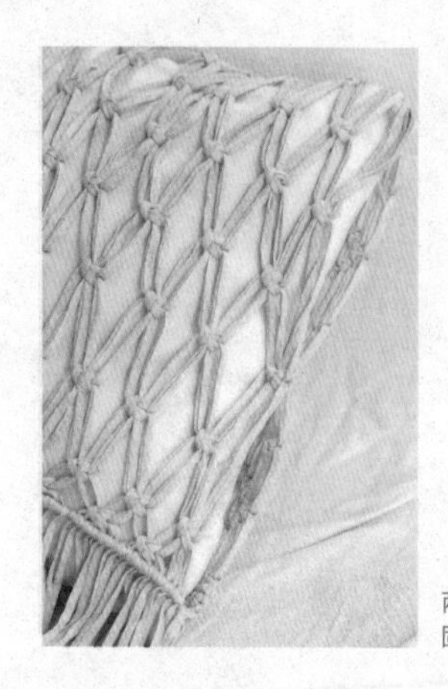

两边对应的各点用绳子扎紧，固定抱枕。

一端为三股编的绳圈，另一端为流苏。将流苏从绳圈中穿过，固定窗帘。

21 窗帘流苏

改编作品 装饰腰带

简单的窗帘如果用普通的流苏来固定，似乎显得太单调……这时就推荐使用绳结编织的窗帘流苏。用粗一些的绳子编织，既简约又不失设计感。编织时若是穿上一些木珠，则更显精致。

设计／瞳 硝子
成品尺寸／
窗帘流苏（上）：长约48 cm
装饰腰带（下）：长约63 cm
制作方法／ p.56

编长一些，将两端系起就成了一条装饰腰带。搭配素色的连衣裙或是短裙也很出彩。

22 灯罩

用金属环做芯，用斜卷结编出简单的S形图案就可以做出灯罩。从绳结的缝隙中透出柔和的光线，能缓解你一天的疲惫。放入其中的灯泡请选择LED灯泡。

设计 / anudo
成品尺寸 / 直径15cm、长约22cm
制作方法 / p.61

23 玻璃瓶罩

这是一款用来包裹玻璃瓶的瓶罩。这个作品选择了较粗的玻璃瓶，并放了香薰蜡烛在里面。柔和的光线，淡淡的香气，使人心情放松。可以改变绳结的数量或流苏的长度，来搭配不同大小的玻璃瓶。

设计／加藤成实
成品尺寸／长约15cm
制作方法／ p.62

24 杯垫

杯垫是日常生活中不可缺少的实用物品，不用时挂在墙上，也是一种随性的装饰品。虽然看起来很简单，但是却有一种特别的存在感。无论搭配中式还是西式的茶壶、杯子，都很和谐。用麻绳来编织的话，更有自然的感觉。

设计／ Märchen art studio
成品尺寸／大号（右上）：直径约15cm　小号（左下）：直径约11cm
制作方法／ p.63

25~27 提包挂饰

在此给大家介绍3种不同样式的提包挂饰。图中这种素雅的提包，挂两个不同颜色的装饰很好看。这种挂饰既可以作为钥匙链，也可以挂在墙上当装饰，还可以挂在自行车或是行李箱上作为区分的标志，很醒目。将喜欢的图案和喜欢的颜色组合在一起，也是一个很好的方案。

设计 / macco

成品尺寸 /

25：长约21cm

26：长约24cm

27：长约22cm

制作方法 / p.64

Macrame 绳结编织工具和材料

Macrame 绳结编织，是将绳子用定位钉固定在软木垫板上进行编织的手工。接下来我们为大家介绍基本的工具和材料。主要的材料有绳子、木棒、金属环、木环、木珠等。除了绳结编织专用的软木垫板、定位钉之外，还会用到其他一些常用的手工工具。本书中使用的绳子，是适合初学者编织的绳子，很容易买到。

绳子

绳结编织的绳子有很多种，材质分为棉和麻。绳子的粗细、搓绳的方式不同，质量和风格也不相同。若使用书中材料栏指定以外的绳子编织，成品的尺寸和风格也会发生变化，请特别注意。

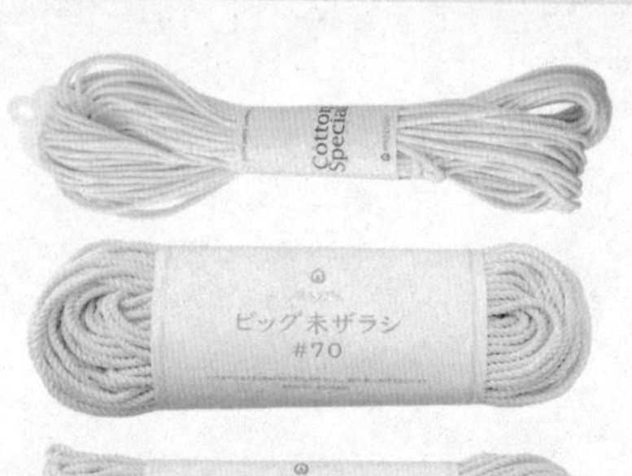

包芯棉绳 不是搓制而成的绳子，容易上手，最适合初学者使用。有直径 2mm、3mm、4mm 的规格可供选择。材质是 100% 棉。

棉绳 搓制而成的绳索状的绳子。按照粗细有 70 号（直径 5mm）、40 号（直径 3mm）、30 号（直径 2mm）3 种规格可选。材质是 100% 棉。

棉绳（Soft 5、Soft 3） 直径为 4mm 和 3mm 的非常结实的绳子。材质是 100% 棉。

麻绳 100% 黄麻材质的绳子。有细麻绳（直径 3.5mm）、中粗麻绳、粗麻绳（直径 5mm）等可选。

绒线麻绳 为了更方便打结而进行了捻制加工的柔软绳子。直径为 1.8mm，材质是 100% 麻。

扁绳 螺旋状展开的柔软绳子。宽度约为 7mm，材质是 100% 棉。

本书使用的绳子（实物等大图片）

棉绳 Soft 3

棉绳 Soft 5

包芯棉绳 2mm

包芯棉绳 3mm

包芯棉绳 4mm

麻绳 3.5mm

棉绳 40 号

棉绳 70 号

绒线麻绳

扁绳

其他

作为室内装饰使用的材料以及在作品中起到画龙点睛作用的材料。

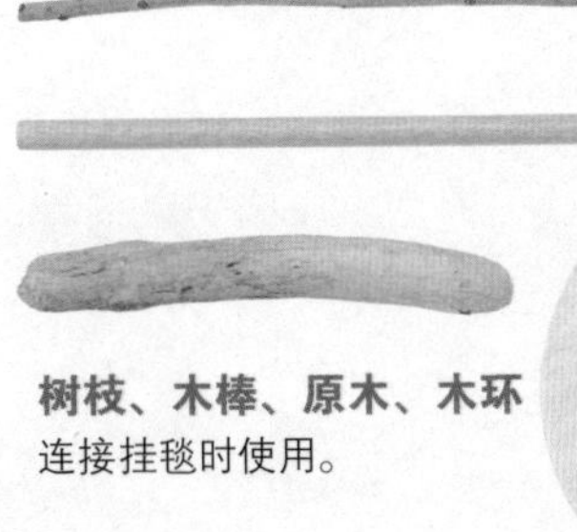

树枝、木棒、原木、木环

连接挂毯时使用。

金属环

大的金属环常作为作品的支架芯，如灯罩或其他筒状作品。小的金属环常用于作品悬挂结的开始。

木环、木珠

可以用于作品悬挂结的开始，或是作为作品的点缀。

工具

虽然软木垫板和定位钉可以用瓦楞纸板和按钉代替，但希望大家还是尽可能使用绳结编织专用的工具。特别是初学者，好用的工具有助于你更顺畅地操作。

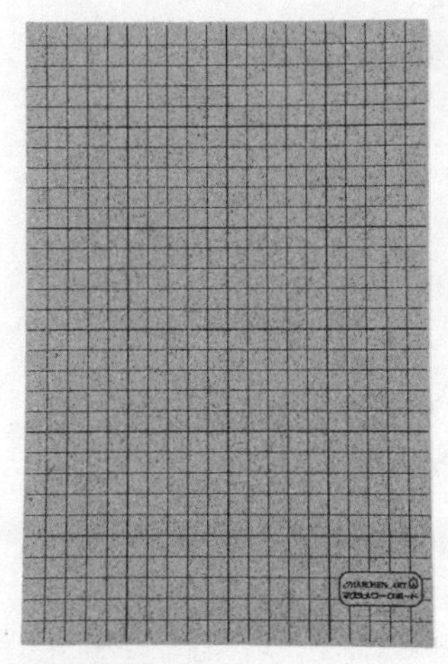

软木垫板

由软木制成的垫板，上面画有边长为 1cm 的方格线。可以用定位钉将绳子牢牢固定在上面进行编织。

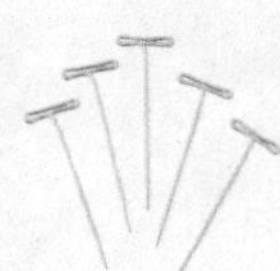

定位钉

用于在软木垫板上固定绳子。T 形的设计使其很容易从垫板中拔取出来。

手工剪刀

用于剪断绳子。选用尖端较细、方便裁剪的剪刀。

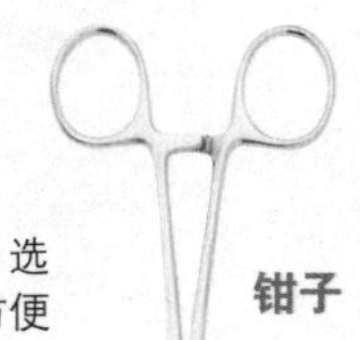

钳子

用钳子能方便地将绳子从细小的空隙中穿过或是拉出。

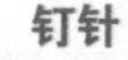

钉针

用于固定绳头。钉针的尖端是弯曲的，很容易通过空隙。也可以用毛线编织针代替。

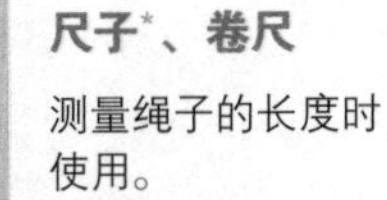

尺子*、卷尺

测量绳子的长度时使用。

竹签*

在绳头部分涂抹胶水时使用。在绳结的缝隙等细小的位置涂抹胶水时，使用竹签也很方便。

锥子

拆开或是调整绳结时使用。

胶水

手工用的强力胶水，可以用来处理绳头或是绳结的缝隙。

除了标＊的工具和材料以外，都是 Märchen art 公司生产的。

编织前的准备工作

这里我们为大家总结了一些通用的方法和必要的知识。有分绳子的方法、编织出平整光滑的作品所需要的基本步骤等，希望大家提前阅读并牢记。

分绳子的方法

通常市面上的绳子是成“束”出售的。如果就这样直接使用，很容易缠绕在一起。买来后，应该重新缠绕整理，将绳子缠成团。

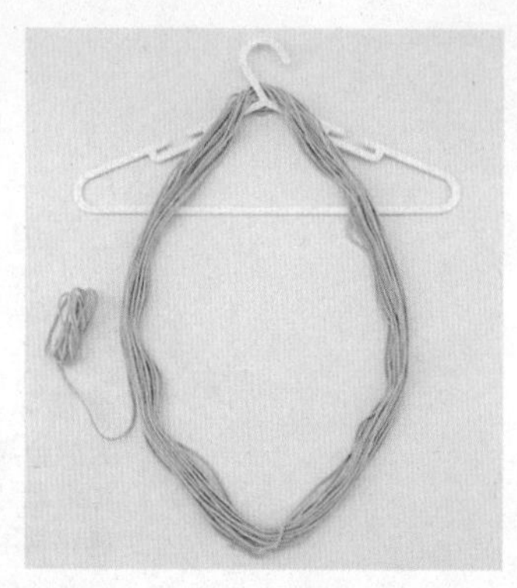

1 取下标签，将绳子扩成圆圈。将绑住绳束的细线解开，使用衣架等物将绳子挂起，慢慢地抽出绳头。

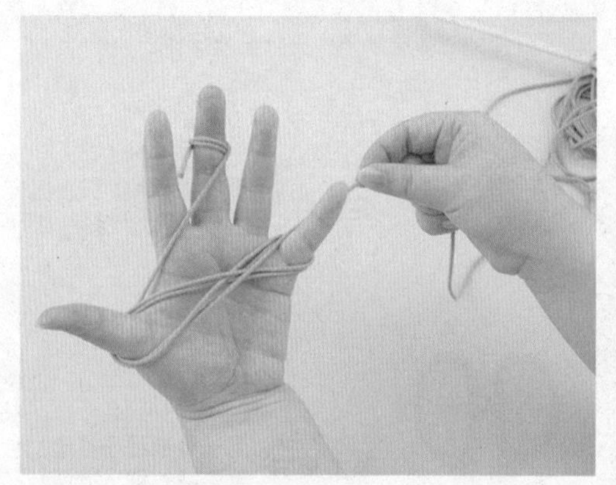

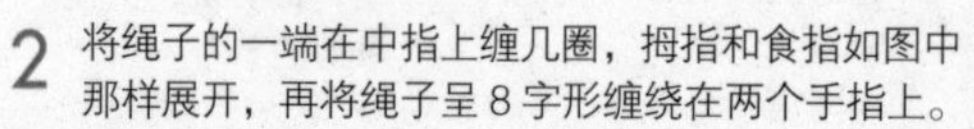

2 将绳子的一端在中指上缠几圈，拇指和食指如图中那样展开，再将绳子呈 8 字形缠绕在两个手指上。

3 从手上取下绳子，缠成团。

绳子的末端处理

捻制而成的绳子，在打结的过程中会散开，可以用遮盖胶带或透明胶带将绳头缠紧。

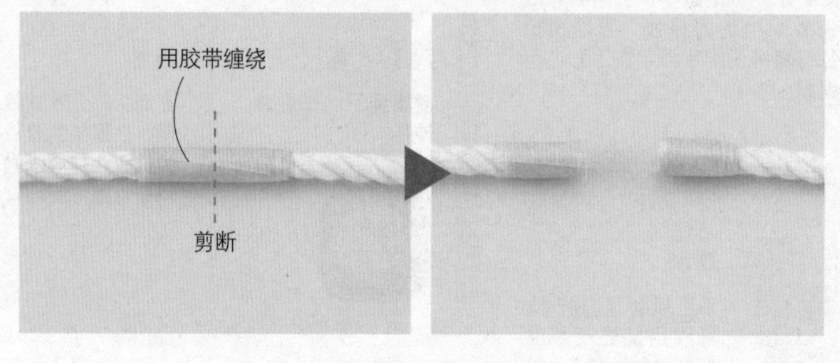

1 绳头的部分已经散开，如果不及时处理，在编织的过程中会散得更加严重。

2 在剪断绳子之前，留出一定的长度用胶带缠绕。使用遮盖胶带或透明胶带等家中有的胶带即可（左图）。从胶带的中央剪断，两根绳子的绳头就都被固定好了（右图）。

定位钉的用法

编织绳结时，可以用定位钉将绳子固定在软木垫板等台面上，方便编织。接下来就请大家记住定位钉的正确用法。

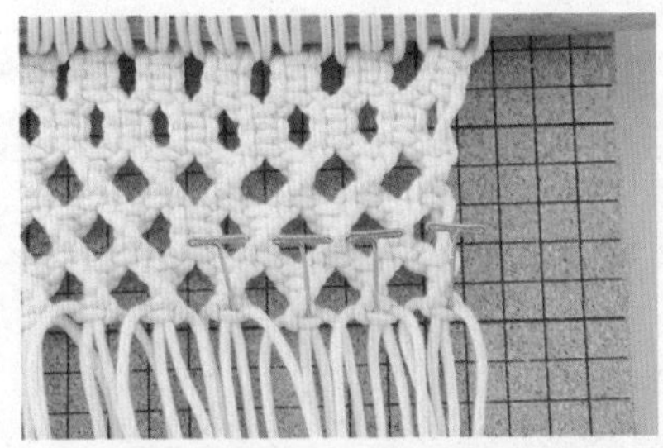

印有方格的专用软木垫板，更方便插入钉，作品不会变形扭曲。

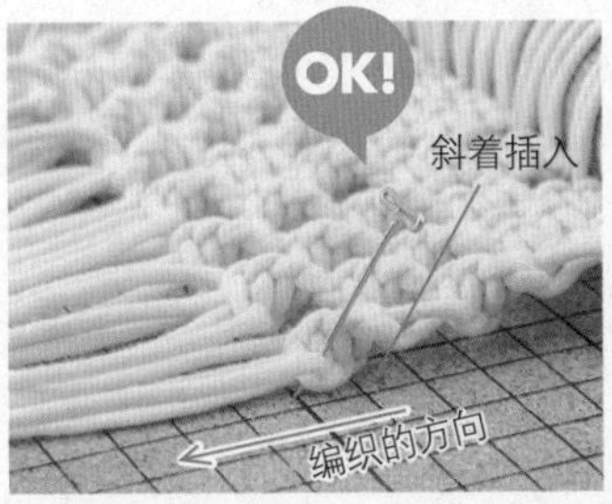

将定位钉倾斜着朝向编织的方向插入（左图），能够将绳子牢牢地固定住。如果将定位钉垂直插入（右图），定位钉比较容易松动，绳子也容易跑出来。

使用适当的力度编织

在编织时，力度的掌握十分重要。太松的话绳子会不够，太紧的话尺寸又变了。接下来我们通过编织成品图的对比来确认一下经常使用的平结和卷结的编织力度。

平结

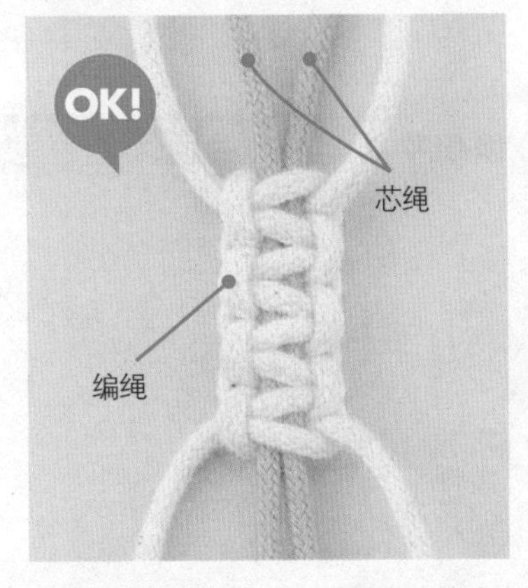

力度适当的编织成品。结空大小适中，透过编绳的空隙，可以均匀地看到芯绳。

太紧的编织成品。与左图同样的结数，长度却短了很多，成品的尺寸就会变小。

太松的编织成品。芯绳很容易被抽出，每个结也很容易被解开，结空大小不一。

卷结

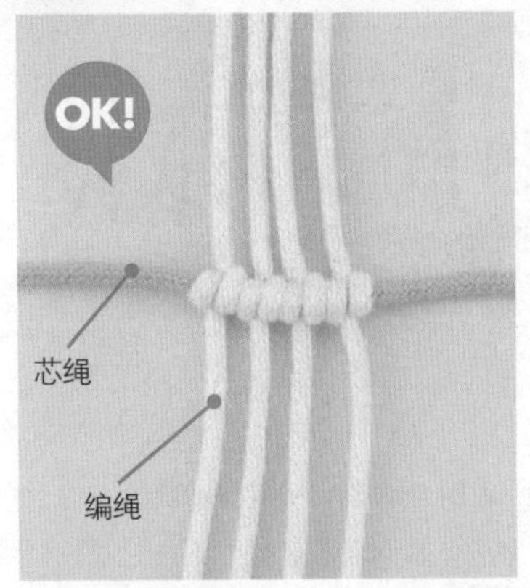

力度适当的编织成品。看不到芯绳，以均等间隔进行编织。

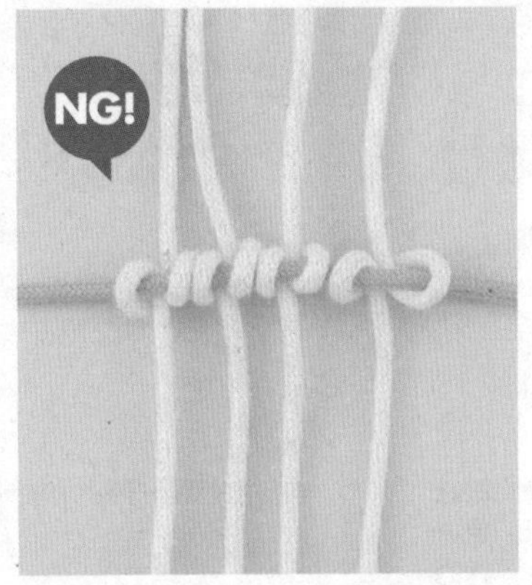

太松的编织成品。空隙中可以看到芯绳，结很容易被解开，结空大小不一。

做法详解

接下来我们通过图片，详细讲解基本款挂毯的制作步骤，使大家理解基本的绳结编织方法。请牢记编织方法及图示的意思。绳结编织的基础技法在本书 p.66~p.71。

p.4 1 基本款挂毯 （整体的编织图在本书 p.34）

这是一款非常适合初次挑战绳结编织的小挂毯。因为基本是平面的造型，只要记住基本的编织方法，在很短的时间内就能完成。

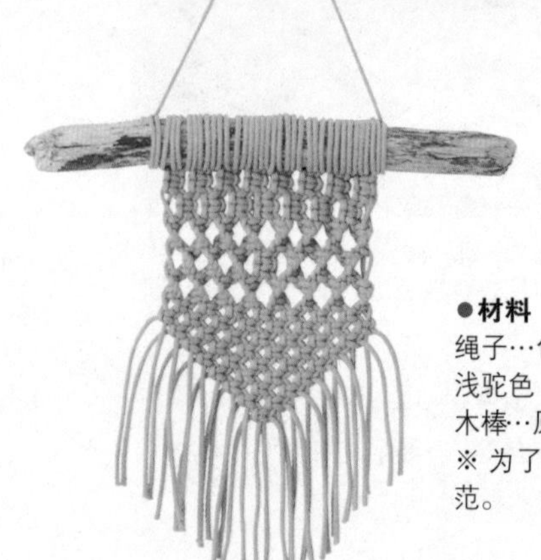

●材料

绳子…包芯棉绳 3mm

浅驼色（1024）1 束

木棒…原木（MA2191）1 根

※ 为了便于理解，使用了原白色的绳子示范。

1. 将绳子分好，连接在木棒上

1 准备 16 根 180cm 长的绳子。

图片所讲解的编织图的部分（p.34）

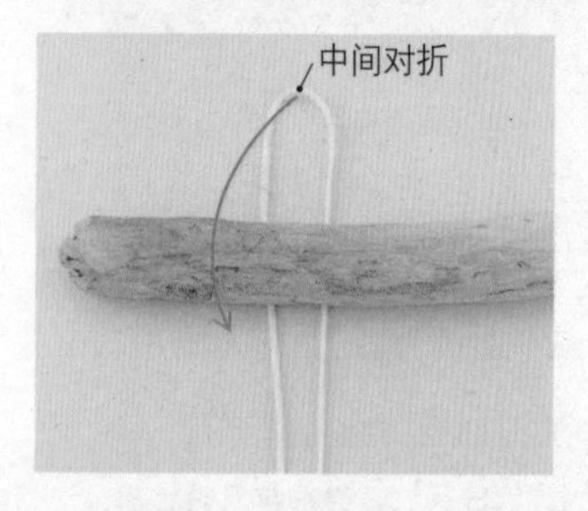

2 取 1 根绳从中间对折，放在木棒的下面。绳圈向前折下，将 2 根绳头从绳圈中穿出，拉紧。

3 将步骤 1 中准备的 16 根绳全部按照步骤 2 的方法连接在木棒上。共垂下 32 根绳头。

2. 编织平结

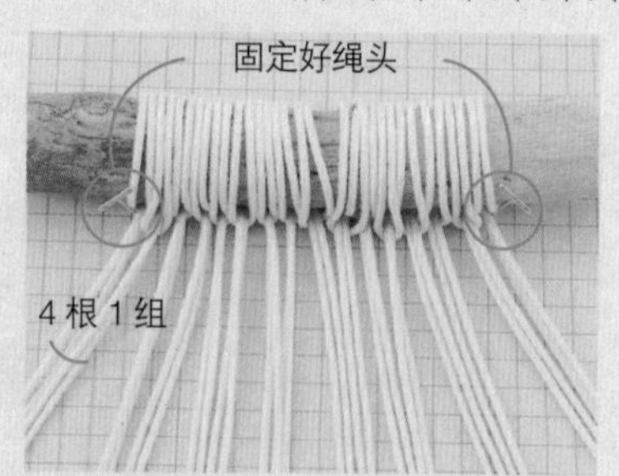

1 将 32 根绳每 4 根分为 1 组。用 4 根绳编织平结。将两端的绳头用定位钉固定，就能够固定整体的位置。

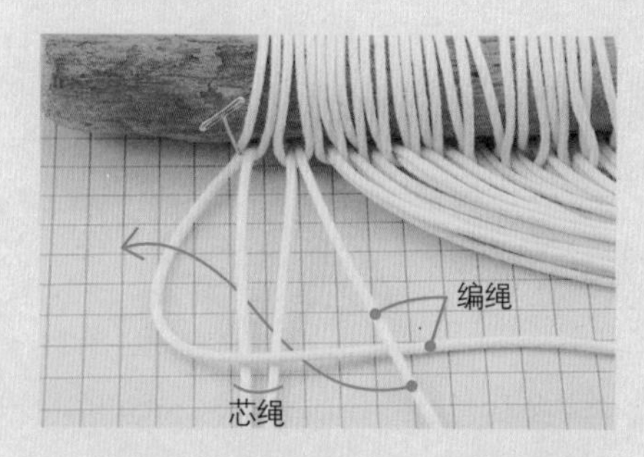

2 将中间的 2 根绳作为芯绳。用左侧的编绳压住芯绳，从右侧编绳的下方抽出。像一个数字“4”的样子。右侧的编绳从芯绳的下方通过，从左侧编绳的绳圈中穿出。

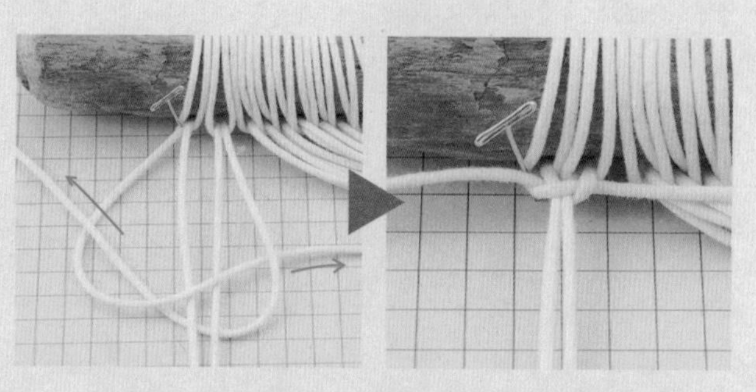

3 均匀地整理好两边的编绳，右图为完成 0.5 个平结的状态。

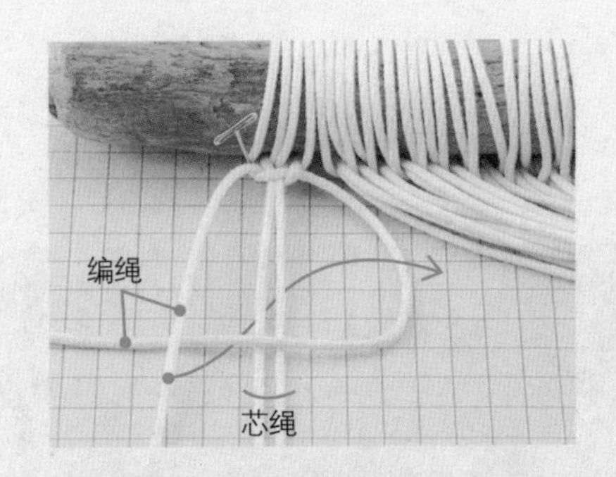

4 接下来用右侧的编绳压住芯绳，从左侧编绳的下方抽出。左侧的编绳从芯绳的下方通过，从右侧编绳的绳圈中穿出。

5 均匀地整理好两边的编绳，右图为完成 1 个平结的状态。

到这里，
1 个平结编织完成!

6 重复步骤 2 ~ 5，又完成了 1 个平结。

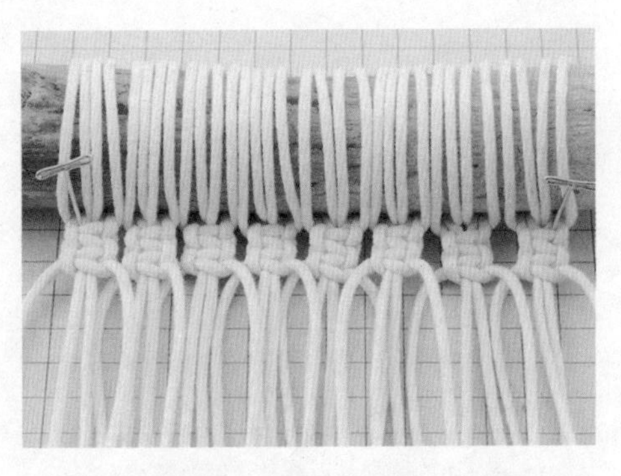

7 将每 4 根绳 1 组完成 2 个平结，共 8 组。这样第一行平结就完成了。

右图为编织平结时经常出现的失败案例。“左侧的编绳在芯绳的上方、右侧编绳的下方”这一决定性的步骤如果出错的话，就会出现图中这种错误的编织效果，请特别注意!

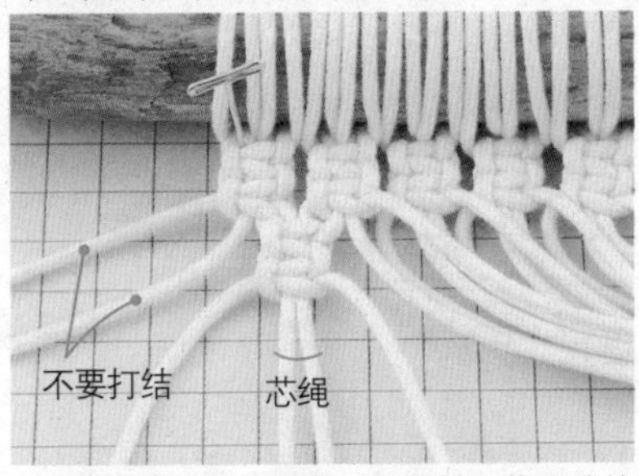

8 接下来我们编织第二行平结。将左端的 2 根绳留出来，用右侧相邻的 4 根绳编 2 个平结。这种和上一行错开位置的编法，我们称为“七宝结”。

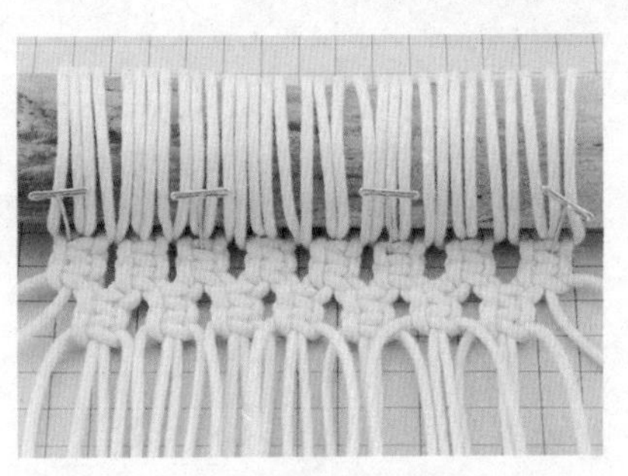

9 同样，用右侧相邻的4根绳编2个平结，剩下的几组也是如此。这样右端的2根绳也是留出来的状态。

3. 编织扭结

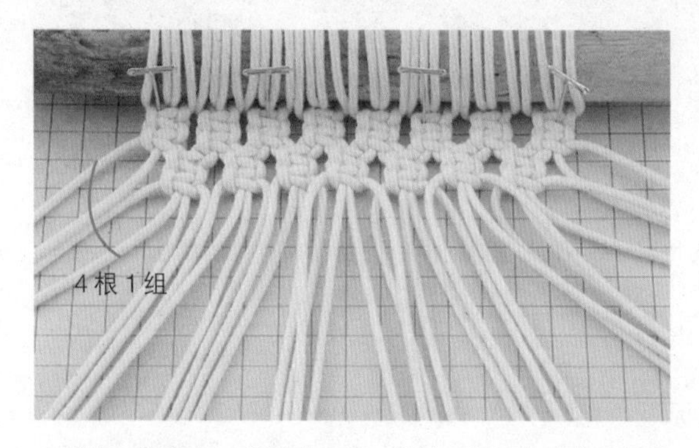

1 将 32 根绳每 4 根分为 1 组，共计 8 组。左边的 4 组编左扭结，右边的 4 组编右扭结。

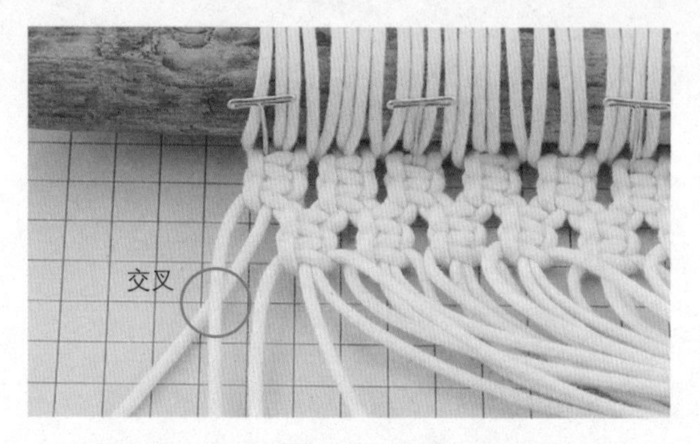

2 左端的 2 根绳（开始编织第 2 行平结时留出的 2 根），将外侧的绳子放在另一根绳子上面交叉摆放。

左扭结

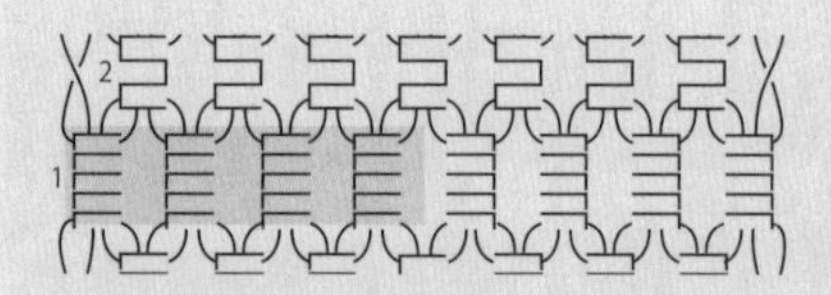

3 与平结相同，将中间的 2 根绳作为芯绳。注意不要打乱步骤 **2** 中的交叉状态，将左边的编绳放在芯绳之上、右边编绳之下。将右边的编绳从芯绳的下方、左边编绳的绳圈中穿出。

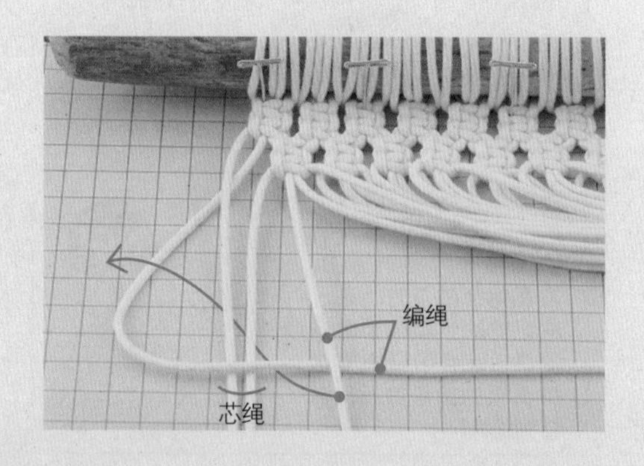

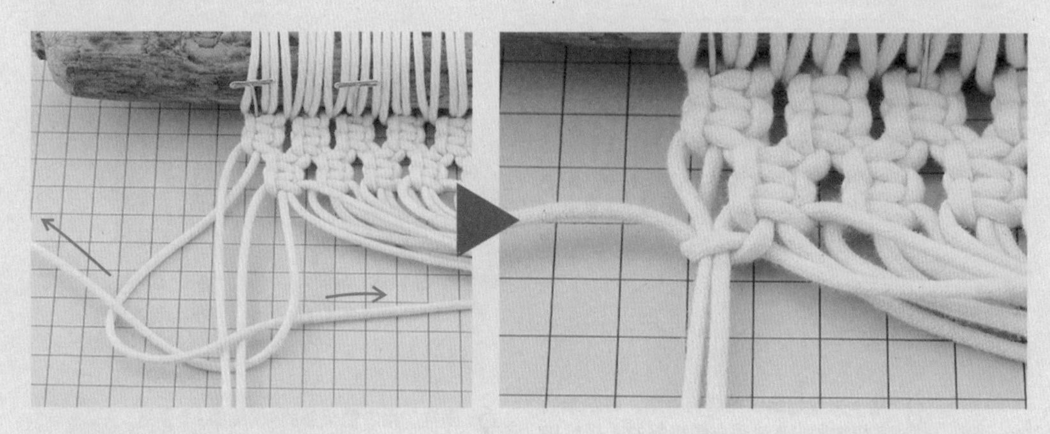

4 将两边的编绳均匀地拉紧。右图为 1 个左扭结完成的效果。1 个扭结相当于 0.5 个平结。之后再重复 4 次（共 5 个）。

到这里，
1 个左扭结编织完成！

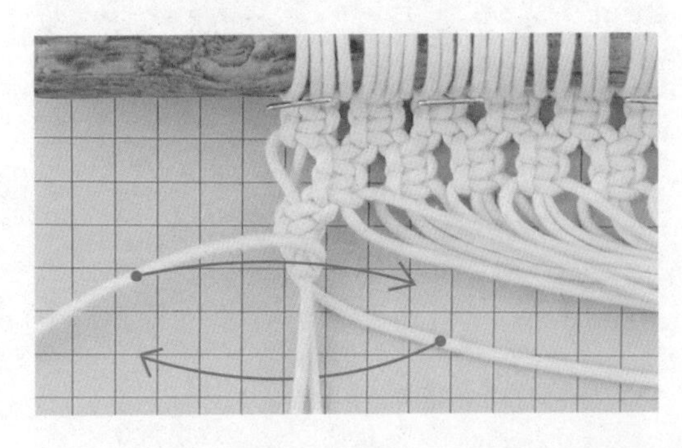

5 图为完成 5 个左扭结的效果。平结为左、右绳交错打结，结的空隙很平整，但扭结通常为相同的方向编织，自然而然形成了扭转的效果。编好 5 个左扭结之后，按照箭头方向调整编绳。

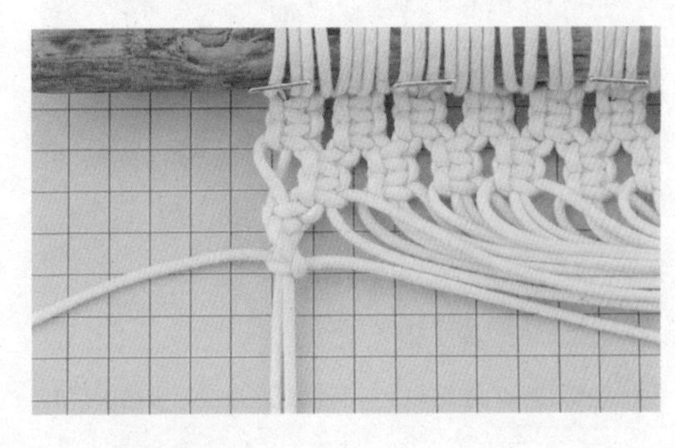

6 调整好编绳的效果。

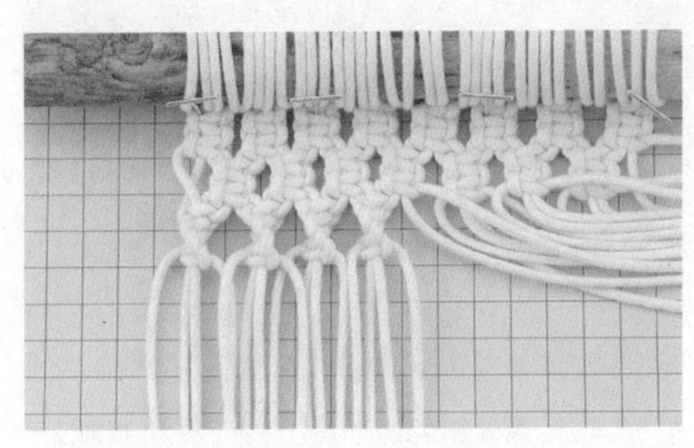

7 用同样的方法将其他 3 组的左扭结编好（共 4 组）。

右扭结

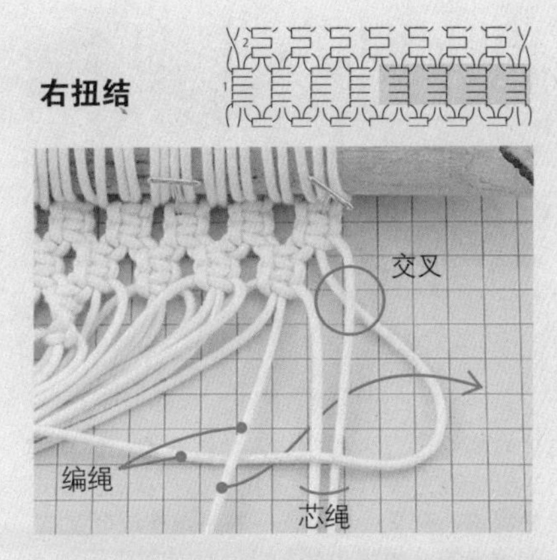

8 右边也同步骤 2 一样，将 2 根绳交叉，右边的编绳放在芯绳之上、左边编绳之下。将左边的编绳从芯绳的下方、右边编绳的绳圈中穿出。

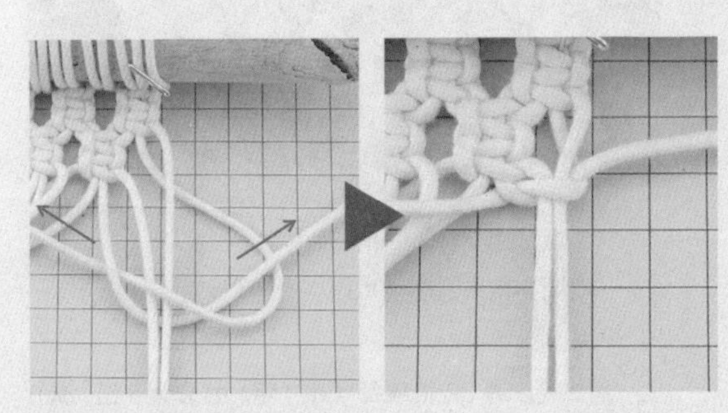

9 将两边的编绳均匀地拉紧。右图为 1 个右扭结完成的效果。

到这里，
1 个右扭结编织完成！

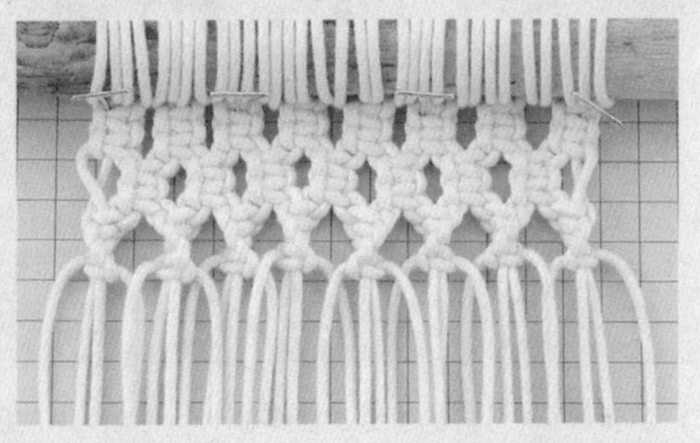

10 编好 5 个右扭结之后，参照步骤 5、6，调整好编绳的方向。用同样的方法将剩余 3 组的右扭结编好（共 4 组）。这样第一行的扭结就完成了。

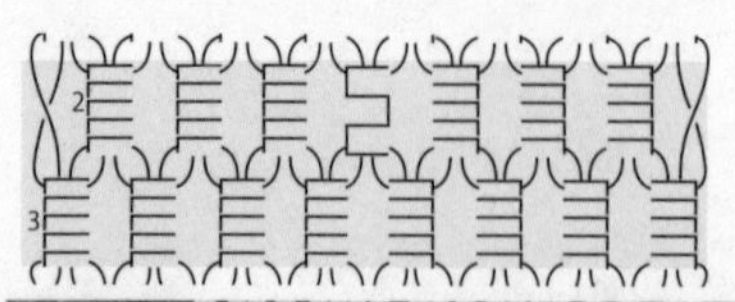

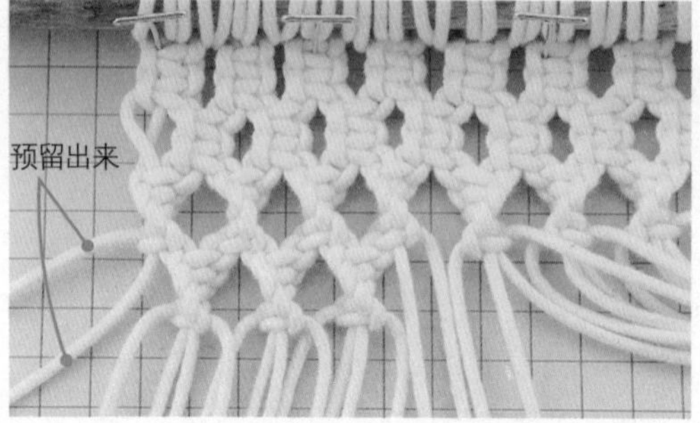

11 将第二行的扭结和上一行错开，连成七宝结。留出左端的 2 根绳，编出 5 个左扭结，共做 3 组。

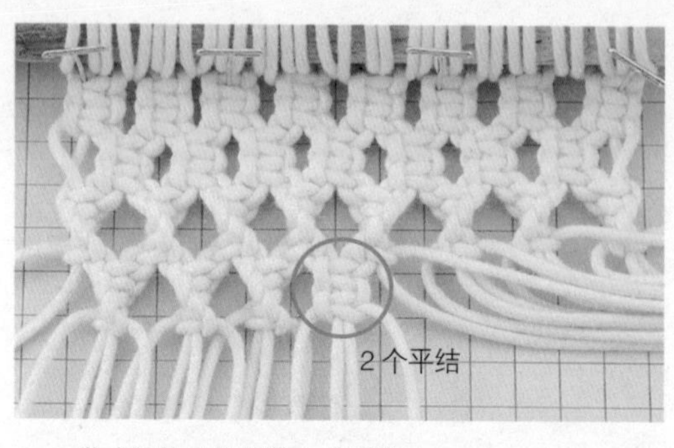

12 将中间的 4 根绳编 2 个平结。

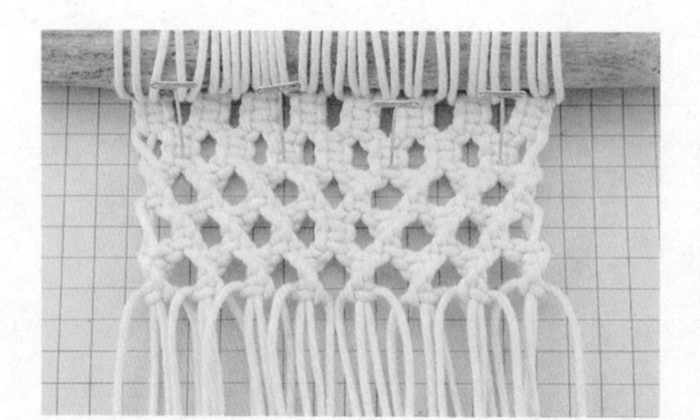

13 将右边的绳编出 5 个右扭结，共做 3 组。这样第二行的扭结就完成了。接下来把第二行最右端留出的 2 根绳进行交叉，与第三行的扭结连成七宝结。最左端留出的 2 根绳也是如此。完成第三行的左扭结和右扭结。

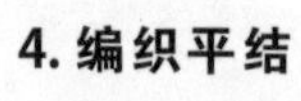

4. 编织平结

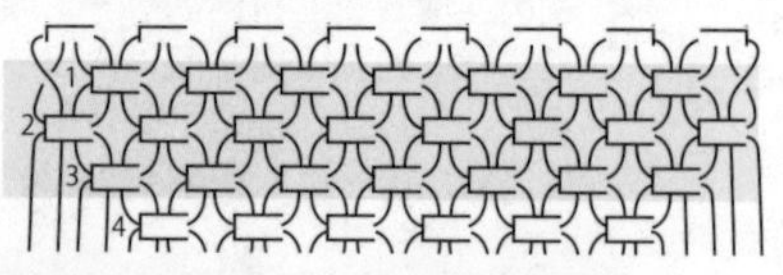

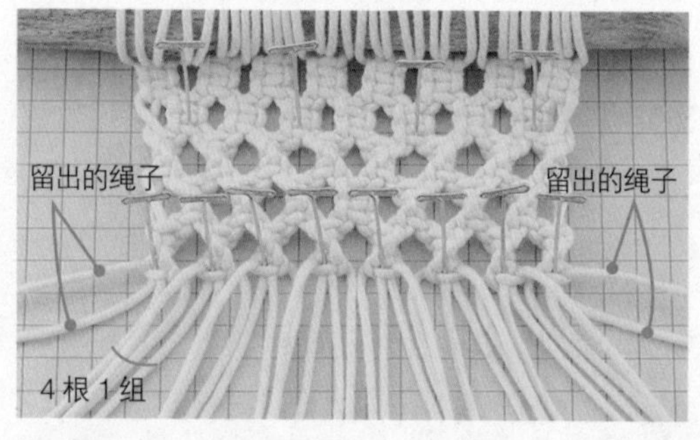

1 第一行。两端各留出 2 根绳，将剩下的 28 根绳按照每 4 根 1 组分开，共 7 组。

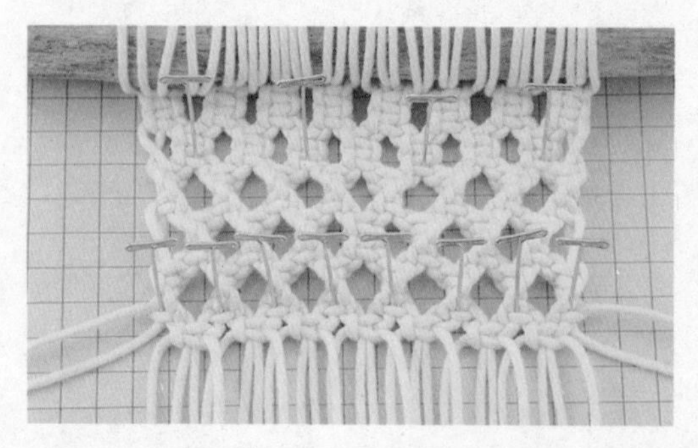

2 将步骤 1 中分好的每组 4 根绳编 1 个平结，共 7 组连成七宝结。

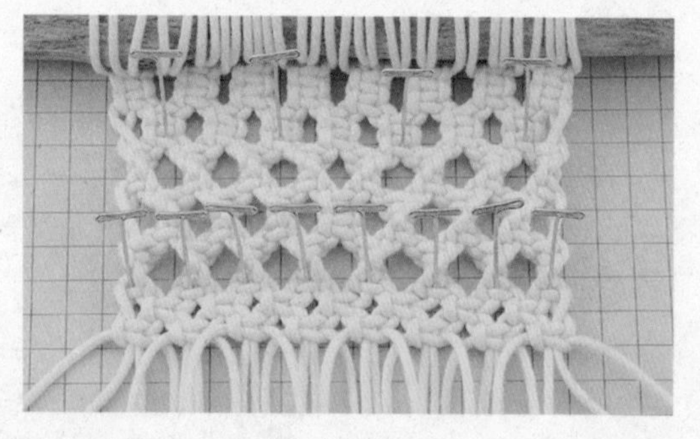

3 第二行。将 32 根绳每 4 根 1 组，共分为 8 组，编 8 个平结。两端的 2 根（步骤 1 留出的 2 根）交叉，编平结。第三行。留出两端的 2 根绳，把 28 根绳分为 7 组，编 7 个平结。

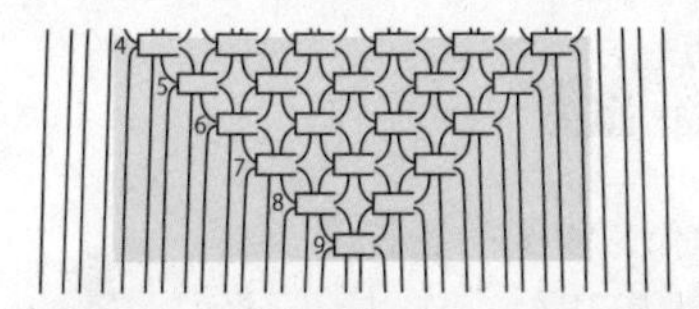

4 第三行编好的效果。接下来我们留着两端的 2 根绳。第四行的 24 根绳分为 6 组，编 6 个平结。

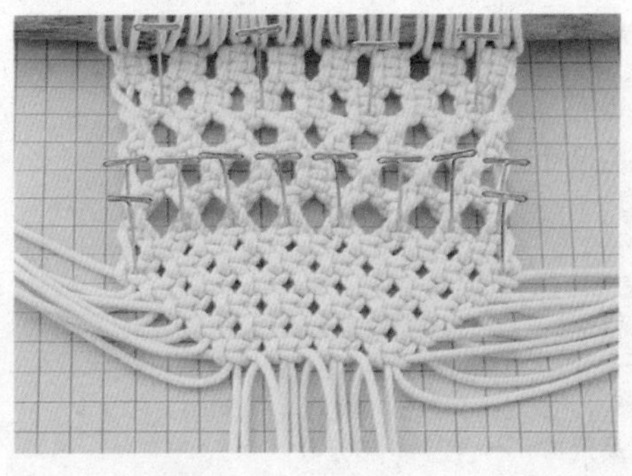

5 第六行编好的效果。平结已经减少为 4 组。编到第九行。

6 第九行最后一个平结编好的效果。

5. 做吊绳

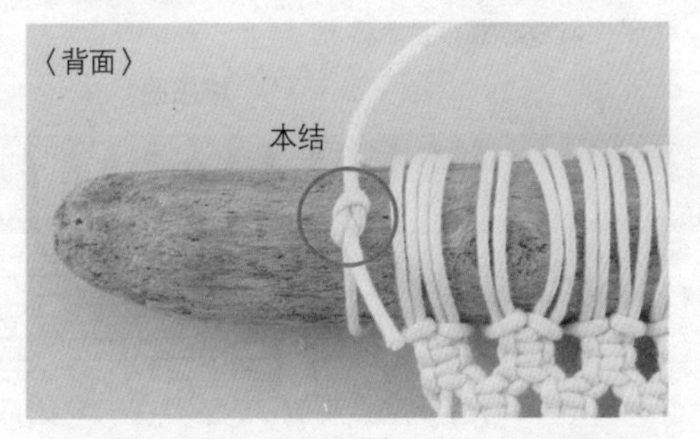

在木棒的背面编一个本结（p.67），按需求调整好绳子的长度，另外一端也在木棒的末尾编好本结。为了防止松开，在编好的绳结上涂上胶水加以固定。

6. 修剪绳头

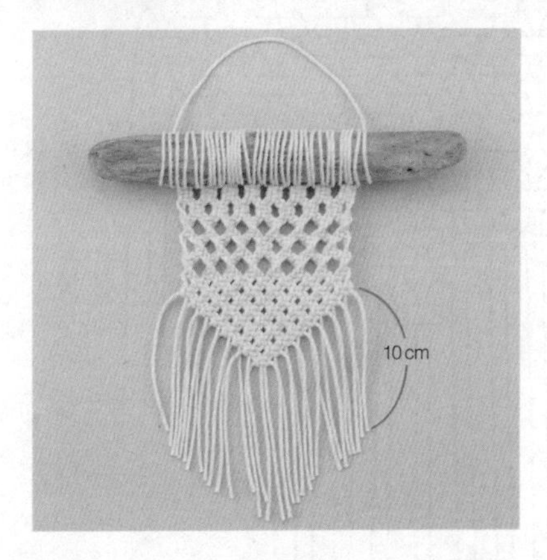

绳头各留 10cm，其余剪掉，作品就完成了！

1 基本款挂毯

改编作品 项链 p.4

●**材料** [ ] 内为裁剪绳子的长度

绳子…包芯棉绳3mm浅驼色(1024)1束

[编绳：180cm×16根]

木棒…原木(MA2191)1根

※作品中使用的是直径2cm、长30cm的木棒。

●**成品尺寸**(不含吊绳、木棒部分)

约12cm×24cm

<改编作品 项链>

●**材料** [ ] 内为裁剪绳子的长度

绳子…绒线麻绳 暗红色(343)1束

[芯绳：100cm×2根，编绳：70cm×8根]

●**成品尺寸**(不含芯绳部分)

约3.5cm×9cm

※p.28~p.33有全彩图做法详解。

改编作品 项链
编织图

1. 将8根编绳按照"对折法A"(p.66)连接在2根芯绳上。

2、3. 做法与挂毯的步骤相同。

4. 将5行平结连成七宝结。两端各留出2根绳。

2.5cm

5. 留出2.5cm绳头，其余剪掉。拆散绳头并整理好。

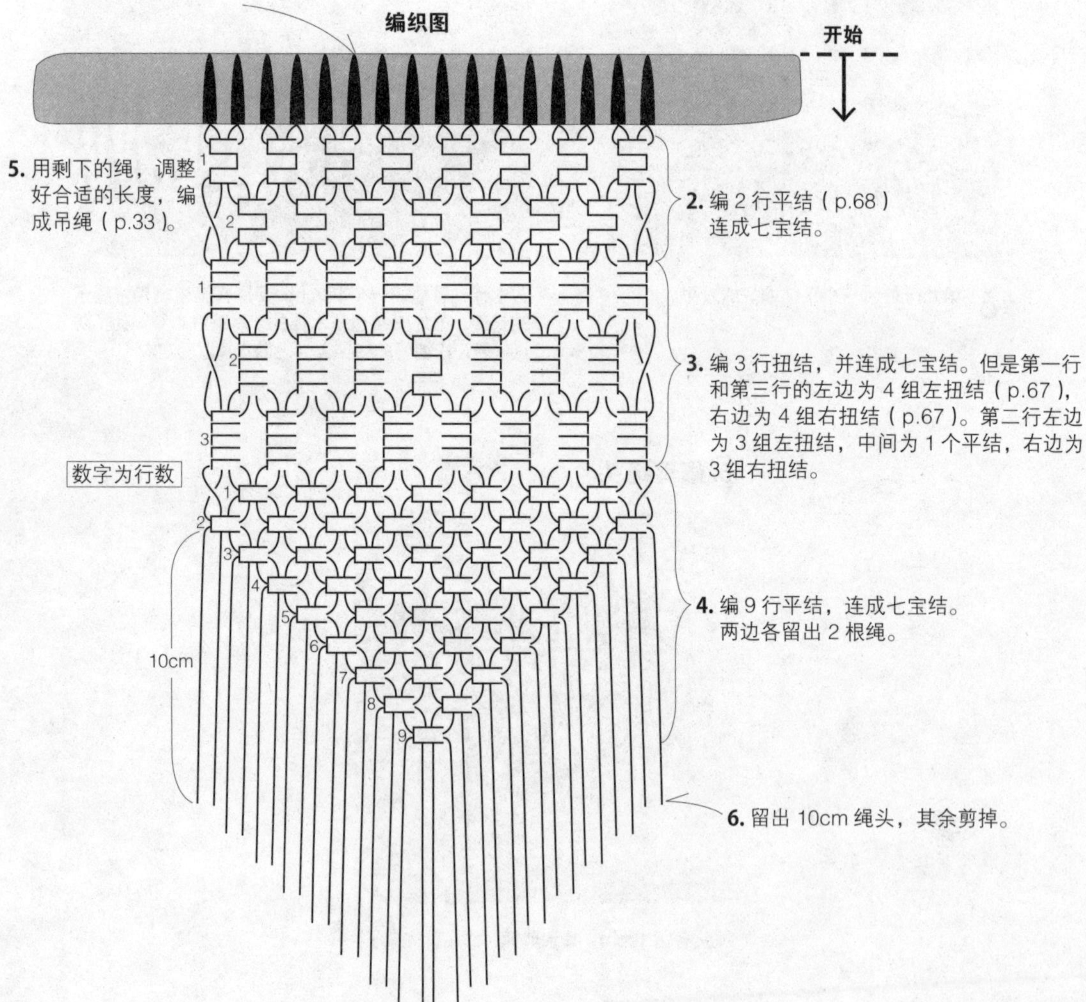

p.14 15 **基本款挂篮** （整体的编织图在 p.41）

挂篮是绳结编织中最经典的作品之一，由斜卷结和平结反复编织而成，因此只要掌握一组结的编织方法，剩下的就很简单了。

●**材料**

绳子…包芯棉绳 2mm
原白色（1001）2 束
环…金属环内径3cm
（MA2302）1个

1、2. 按长度将绳子剪好，穿过金属环编收结

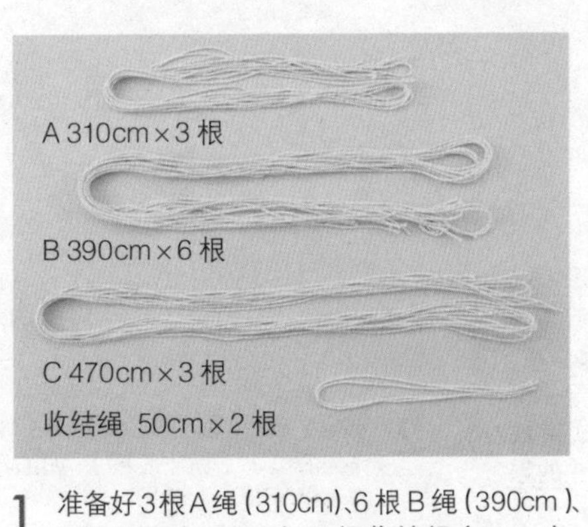

1 准备好3根A绳（310cm）、6根B绳（390cm）、3根C绳（470cm）、2根收结绳（50cm）。由于使用的是同样的绳子，为了区分A绳、B绳、C绳，可以在绳头的位置缠绕带颜色的胶带，后面编织起来会更加顺畅。
※ 为了方便理解，接下来我们用不同颜色的绳子来进行示范讲解。

2 步骤 **1** 中分好的绳子，把除收结绳以外的 12 根绳从金属环中穿过，从中间对折（对折后绳子就变为 24 根）。
※ 图中的黄色绳为 A 绳中的 1 根。

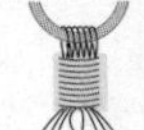

图片所讲解的编织图的部分（p.41）

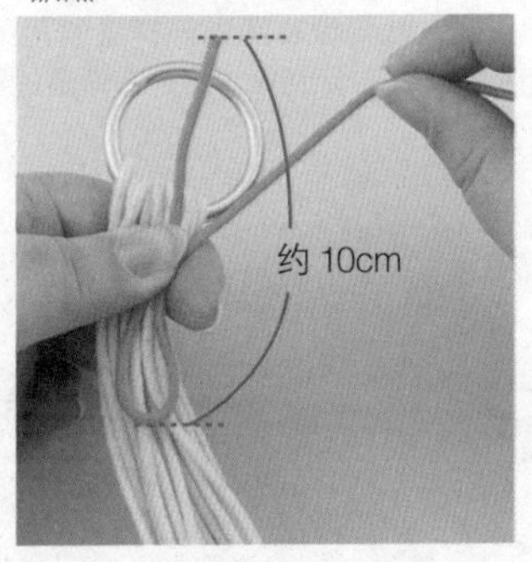

3 将收结绳（橙色）从一端的 10cm 处折出一个绳圈，用手紧紧按在步骤 **2** 的绳子上。

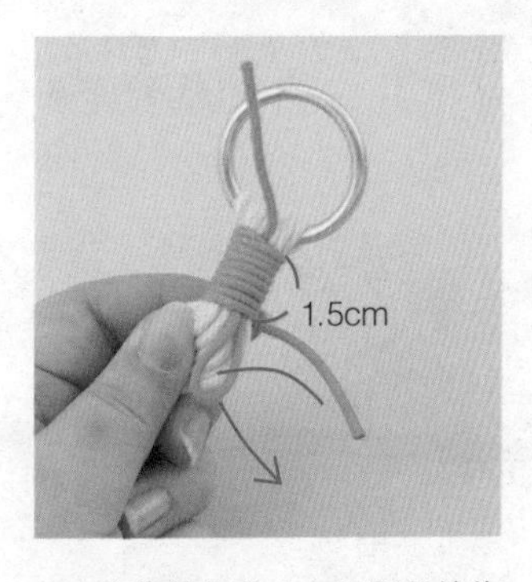

4 将收结绳从上向下紧紧缠绕几圈，将尾端的绳子从下面的绳圈中穿过。

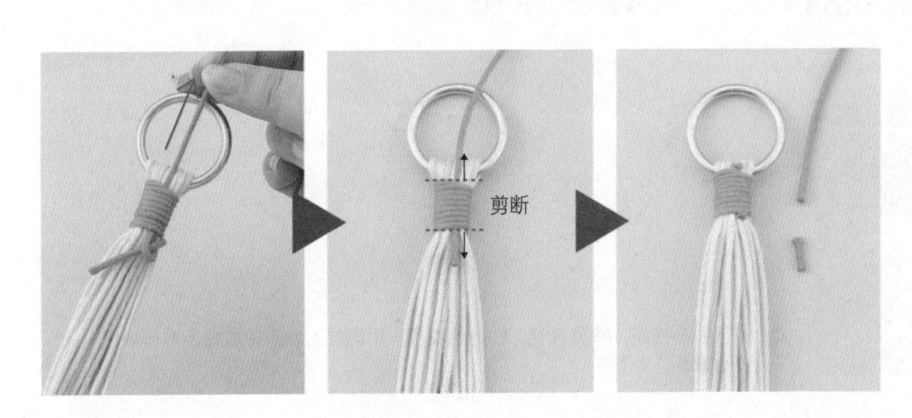

5 接下来抽紧上方的绳头，下面的绳圈就被抽到缠绕好的绳子中去了。将绳头对齐缠绕好的绳子边缘剪断。这一面就是背面。

3、4. 编织斜卷结和平结

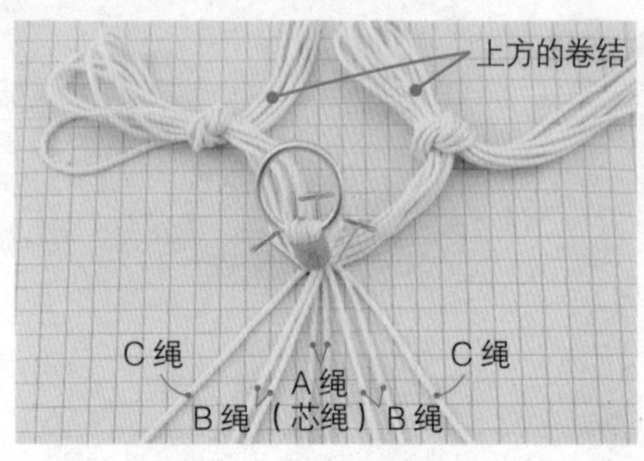

1 将 24 根绳分为 3 组，每组包括 A 绳 2 根、B 绳 4 根、C 绳 2 根。接下来需要一组一组地进行编织，可以先将其他 2 组捆成束放在一边。将没捆的一组 8 根绳按照图中的顺序摆放好。

上方的斜卷结

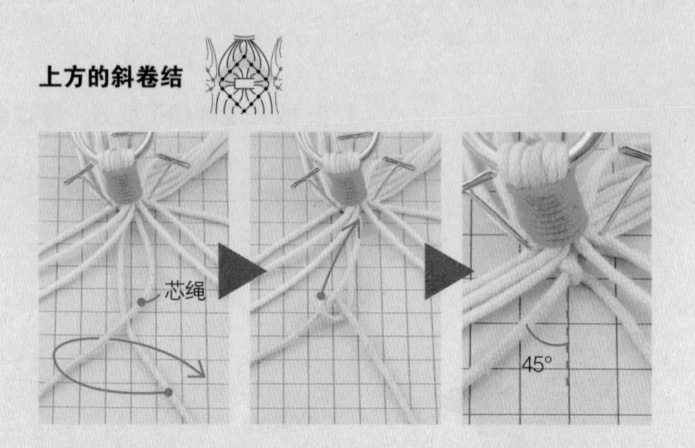

2 先编 2 根 A 绳。把左侧绳子（作为编绳）放在右侧绳子（此时作为芯绳）下面（左图），如图卷起缠绕在右侧绳子上（中图），将绳子抽紧（右图）。

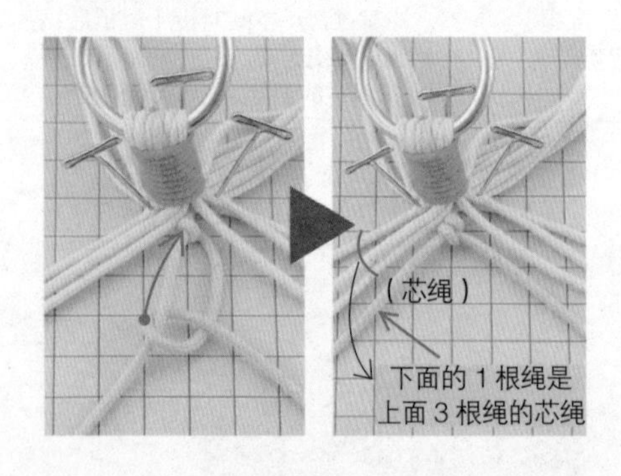

到这里，
1 个斜卷结编织完成！

3 用同样的方法再卷起缠绕一次，就完成了 1 个斜卷结。如果操作正确，就会像右图中一样看到两条斜着的短线。把 A 绳分为左、右各 1 根，分别作为左、右两边的芯绳进行编织。

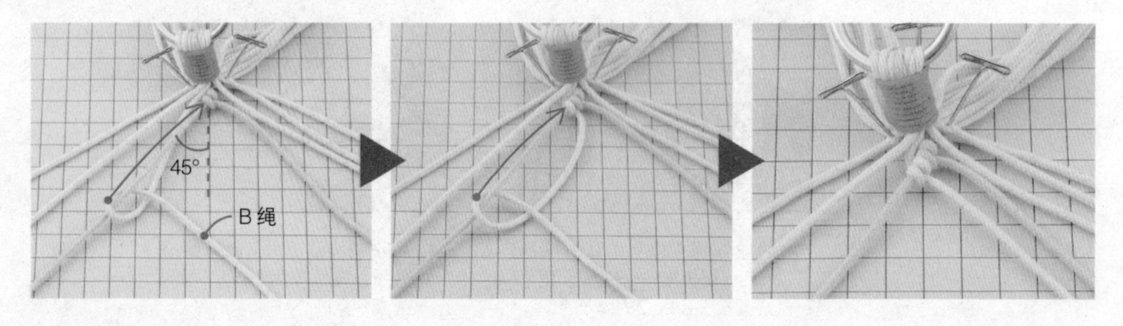

4 从左侧开始编。芯绳要保持和竖直线成 45° 角。按照步骤 **2**、**3** 的方法，用 B 绳在芯绳上缠绕两次。第 2 个结也完成了。

5 剩下的 2 根绳，按照 B 绳、C 绳的顺序，用同样的方法在芯绳上进行编织。左侧就有了 3 个结。

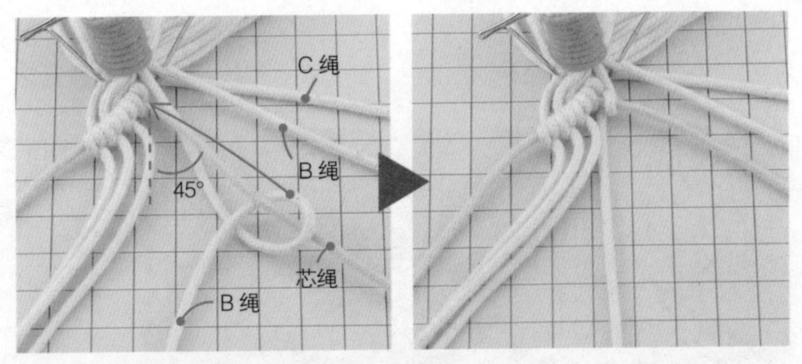

6 与左侧相同，右侧也以 A 绳作为芯绳来进行编织。芯绳要保持和竖直线成 45° 角，向右下方编织。将最下方的 B 绳放在芯绳之下，如图所示进行缠绕（左图），抽紧后完成（右图）。

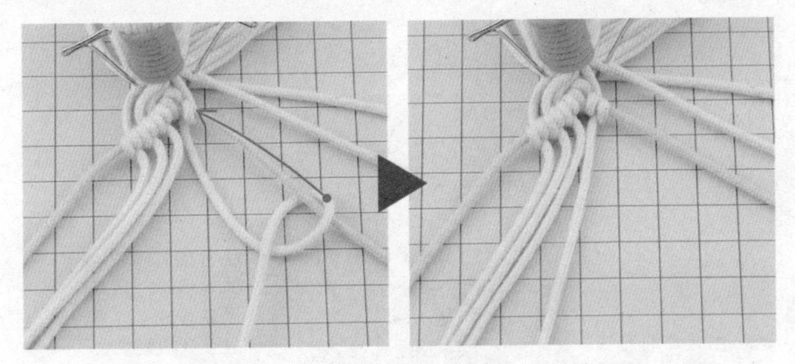

7 用同样的方法再缠绕一次，抽紧。将剩下的 2 根绳，按照 B 绳、C 绳的顺序，用同样的方法编织斜卷结。

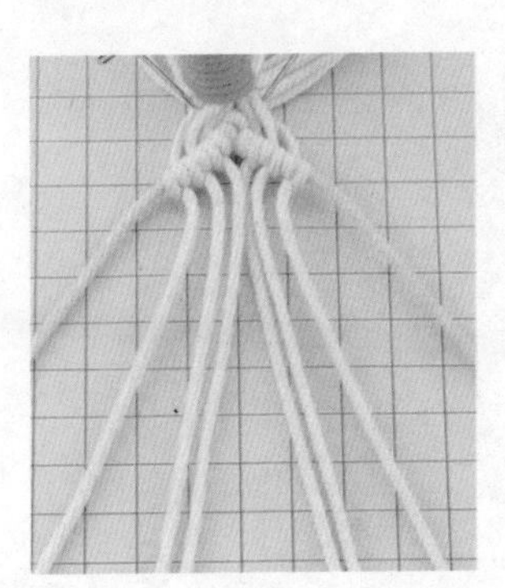

8 右边的 3 个结完成。

中央的平结

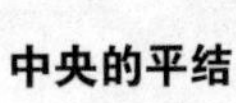

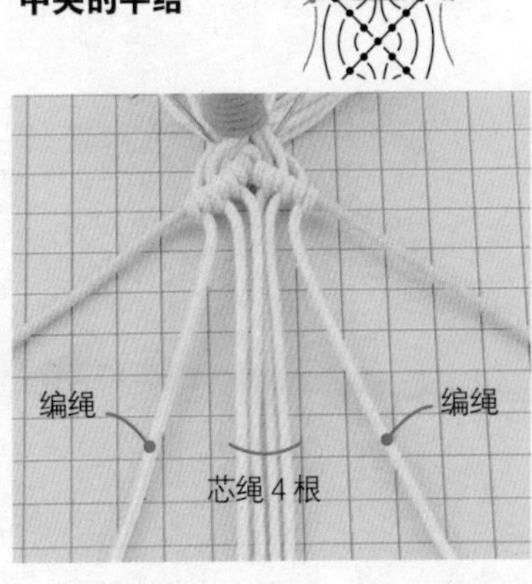

1 将 6 根绳分为 1 根、4 根、1 根。将中间的 4 根绳作为芯绳编一个平结。

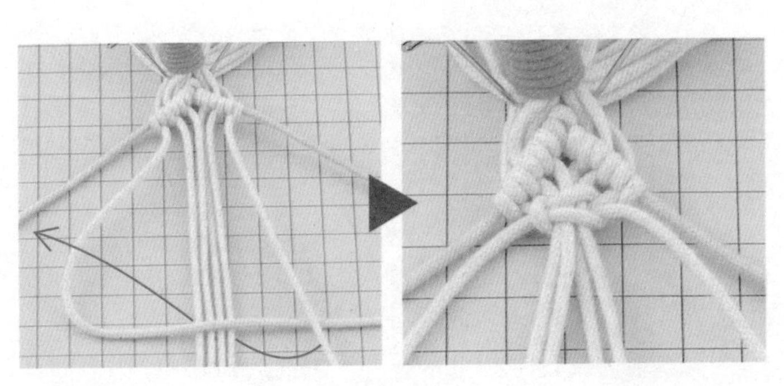

2 请参考 p.28、p.29 “编织平结” 的步骤 **2**~ **5**，编织 1 个平结。

下方的斜卷结

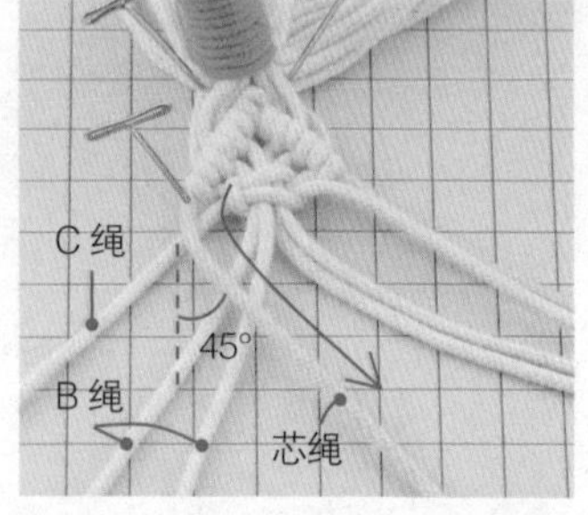

1 将左侧作为芯绳的 A 绳向内折，与竖直线成 45° 角，放在 3 根绳之上。在折角的地方钉上定位钉会更方便。

2 向右下方编织。从左边的 C 绳开始，按顺序编织，方法同 p.37 步骤 **6**、**7**。

3 用同样的方法编好剩下的 2 根 B 绳。

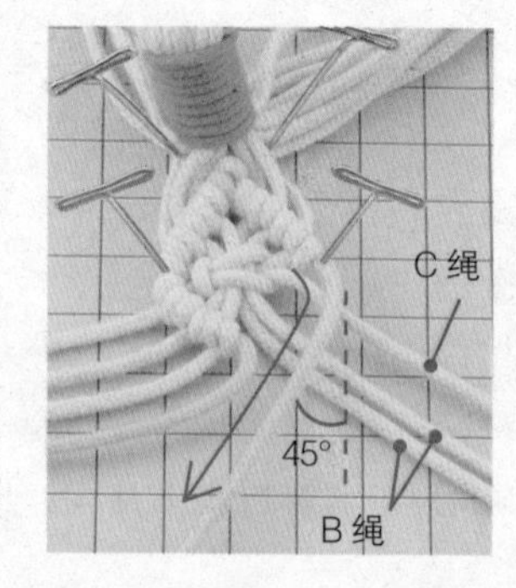

4 将右侧作为芯绳的 A 绳向内折，与竖直线成 45° 角，放在 3 根绳之上。在折角的地方钉上定位钉。

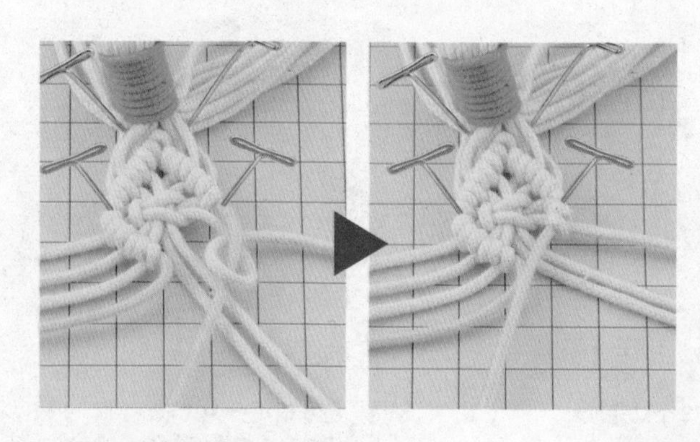

5 向左下方编织。从右边的 C 绳开始，按顺序编织，方法同 p.36 步骤 **4**。

6 用同样的方法编好剩下的 2 根 B 绳。

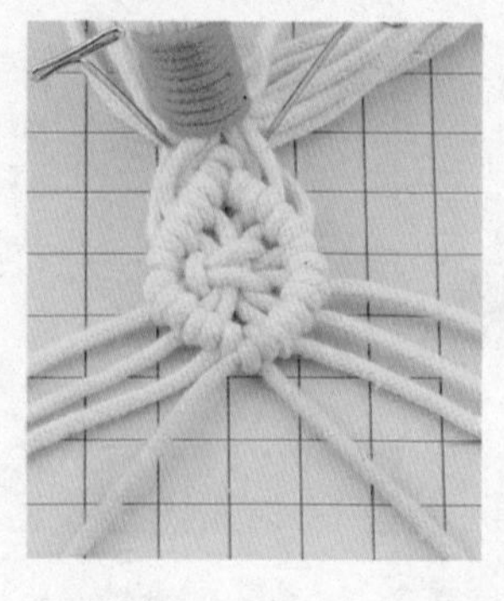

7 中间的 2 根芯绳按照 p.36 的步骤 **2**、**3**进行编织。2 根芯绳在交点的部分编结。一个花样就完成了。

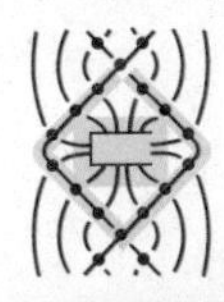

8 接下来编第 2 个花样。按照 p.36 步骤 **4** 的方法，向左下方，将 A 绳作为芯绳，编 3 个斜卷结。

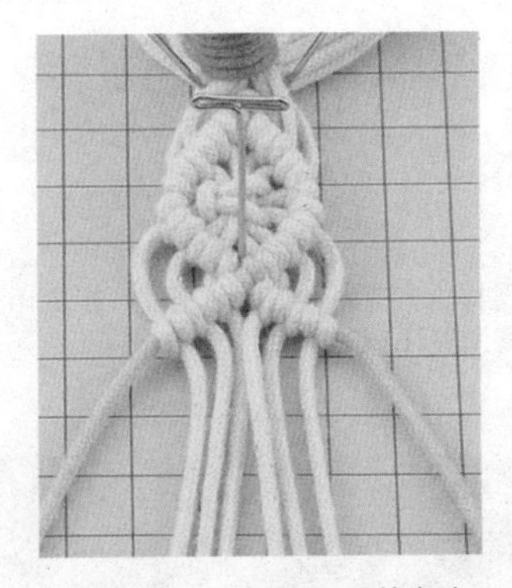

9 按照 p.37 步骤 **6**、**7** 的方法，向右下方，将 A 绳作为芯绳，编 3 个斜卷结。

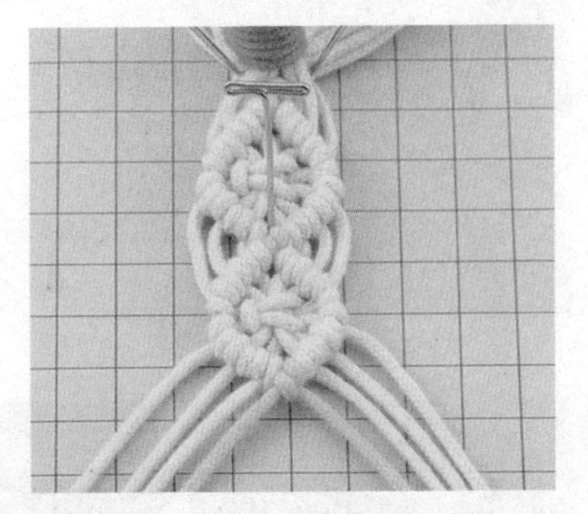

10 参考 p.37“中央的平结”、p.38“下方的斜卷结”，6 根绳中将中间 4 根作为芯绳编平结，再向两侧各编 3 个斜卷结，最后 2 根芯绳 A 绳编 1 个斜卷结。

5. 编织其余的 2 组绳

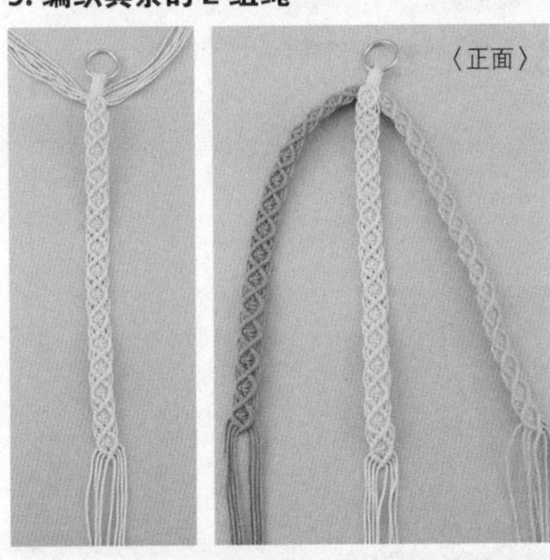

用同样的方法，编好剩下的 13 个花样（共 15 个），花样呈四边形。将最开始分好的 2 组绳（每组各 8 根）也用同样的方法编好。为了便于理解，我们示范时变换了另外两组绳子的颜色（右图）。

6. 将 3 组绳通过平结连成筒状

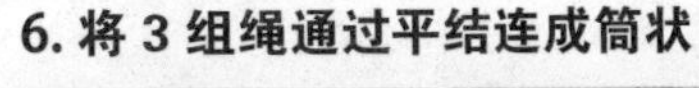

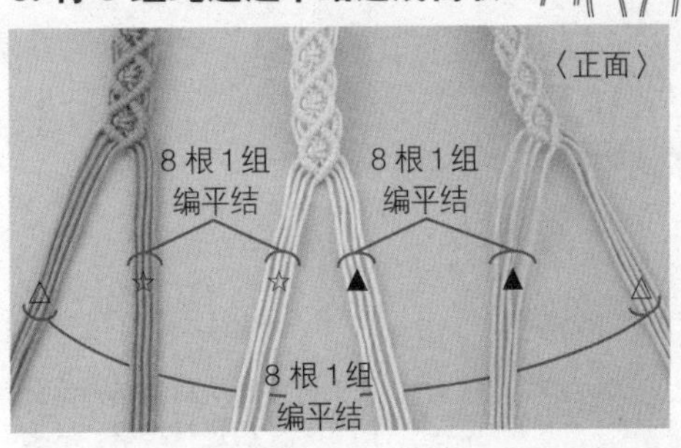

1 开始编第一行。斜卷结下面的 8 根绳，分别按照每 4 根 1 组分开，相邻的 2 组共 8 根为 1 组编平结。
※ 花样的正面务必朝上。

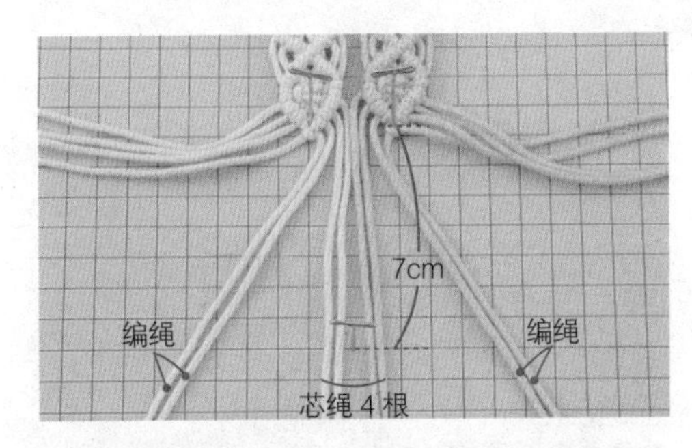

2 在斜卷结结尾的部分钉好定位钉使 2 组绳并排，接下来从结开始 7cm 的地方钉好定位钉，用于保持间隔。将下面的 4 根绳作为芯绳，两侧的各 2 根作为编绳，编 1 个平结（▲组）。

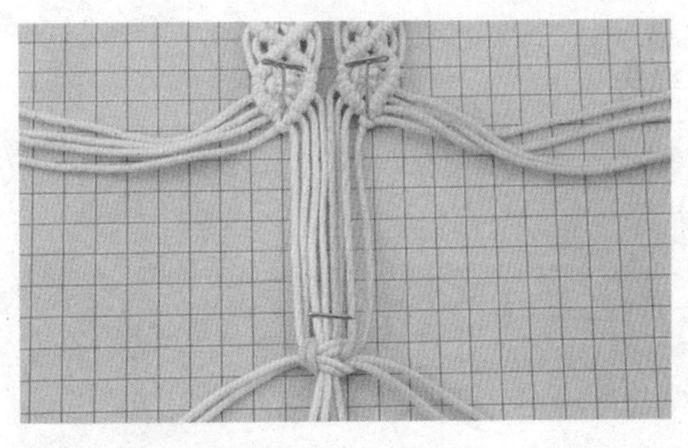

3 编好平结的样子（参考 p.28、p.29）。

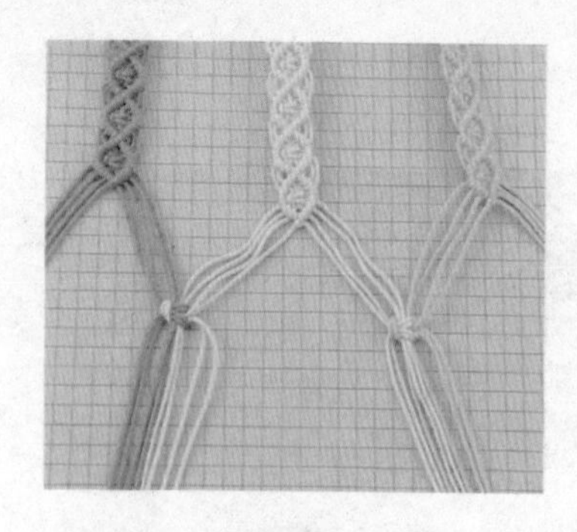

4 用同样的方法将☆组的 8 根绳，在 7cm 的位置间隔开，编 1 个平结。

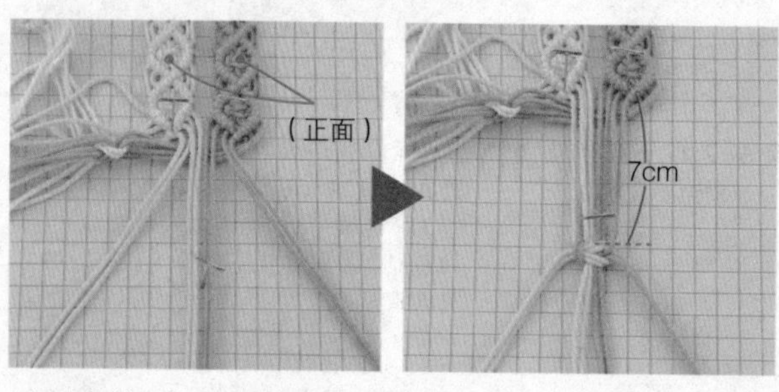

5 △组的 8 根绳编完后作品会连成筒状。为了避免扭曲，先要确认上面的 2 组斜卷结都是正面朝上的，同样在 7cm 的位置间隔开，编 1 个平结。这时就形成了一个筒状。

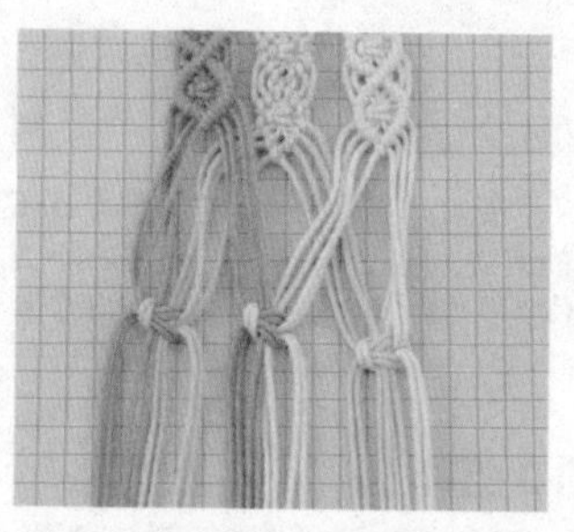

6 3 组平结都编好的样子。

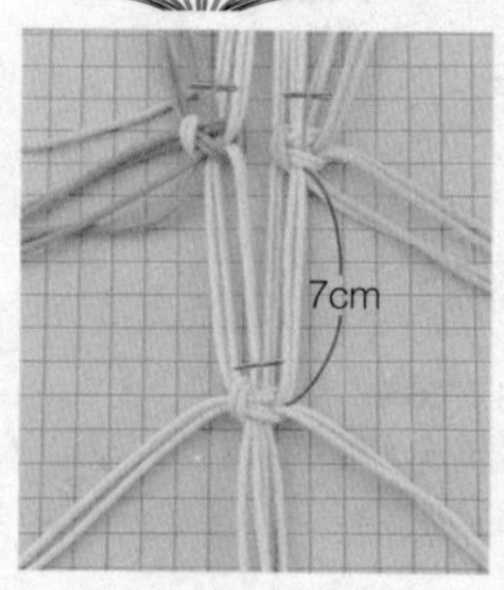

7 第二行按照从斜卷结开始分的 8 根 1 组进行编织。从上面的平结开始 7cm 的地方钉好定位钉，4 根作为芯绳，两侧各 2 根作为编绳编 1 个平结。

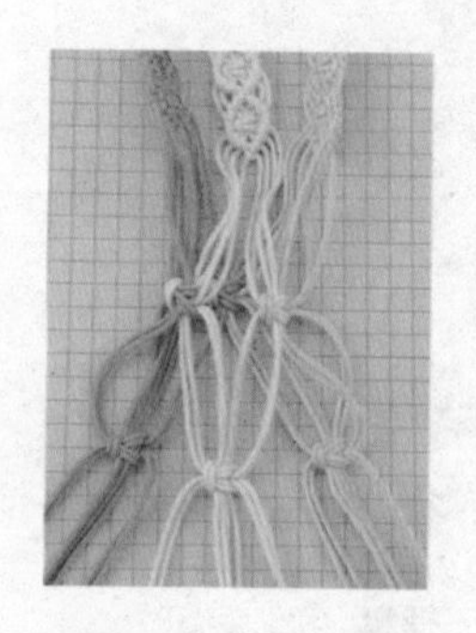

8 其余的 2 组也同样各间隔 7cm，编 1 个平结。

7、8.编收结，修剪绳头

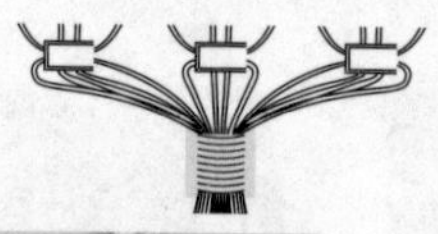

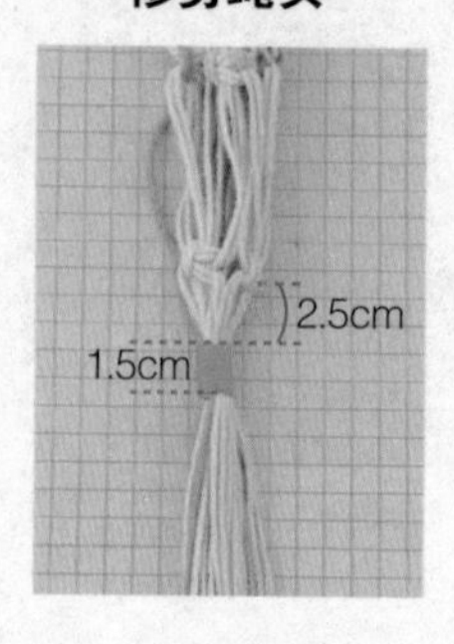

1 从步骤 **8** 的平结开始留出 2.5cm 的间隔，将所有绳子束在一起，编 1.5cm 的收结（参照 p.35）。

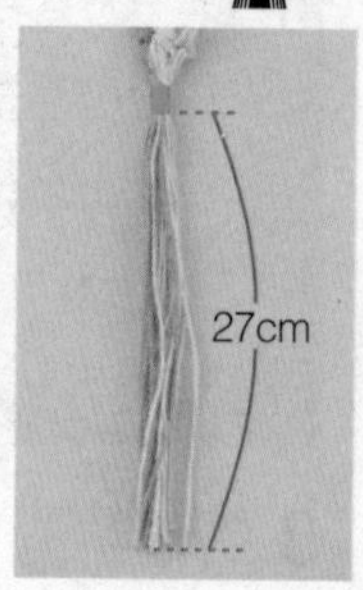

2 在距收结 27cm 的位置剪断绳头。

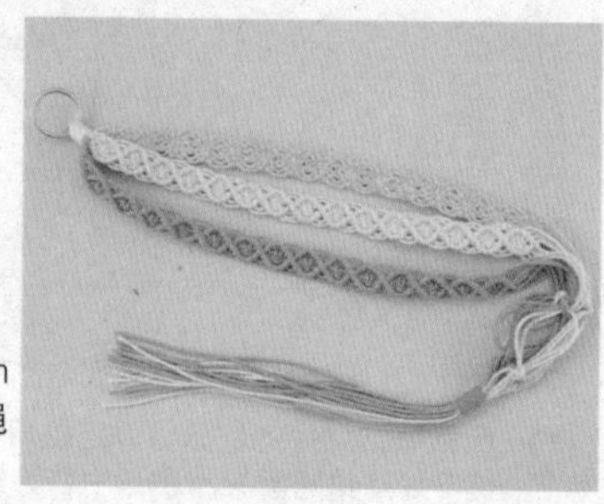

15 基本款 挂篮 p.14

●**材料**［　］内为裁剪绳子的长度
绳子…包芯棉绳2mm原白色（1001）2束
［A绳：310cm×3根，B绳：390cm×6根，C绳：470cm×3根，收结绳：50cm×2根］
环…金属环内径3cm（MA2302）1个
●**成品尺寸**（不含流苏部分）
长约58cm

※p.35~p.40有全彩图的做法详解。

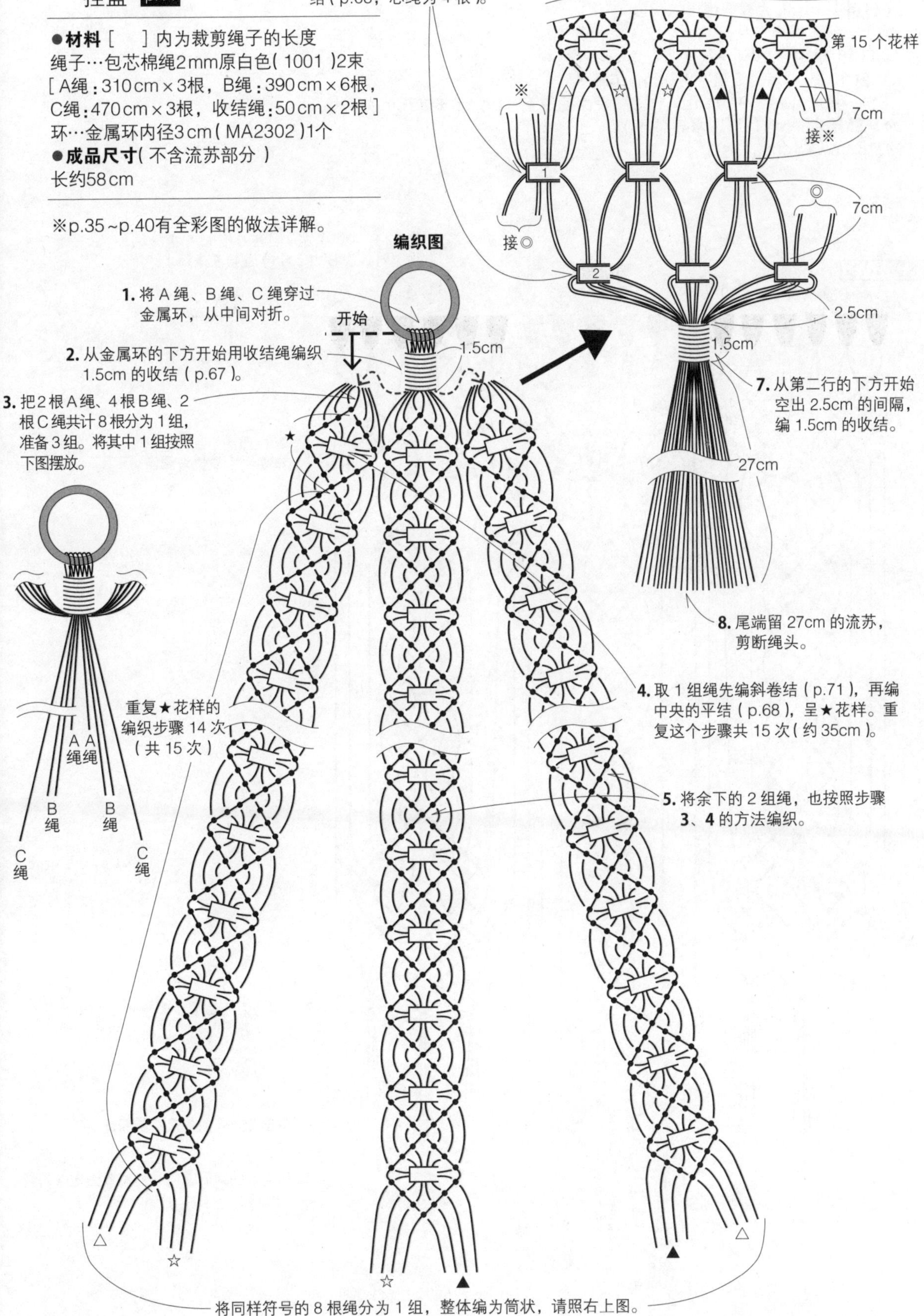

2 双色斜卷结挂毯 p.5

●**材料** [　] 内为裁剪绳子的长度
绳子…包芯棉绳3mm
原白色(1021)1束 [A绳：250cm×12根]
灰色(1025)1束 [B绳：300cm×6根]
木棒…原木(MA2191)1根 ※作品中使用的是直径3cm、长35cm的木棒。
●**成品尺寸**(不含吊绳、木棒部分)
约18cm×45cm

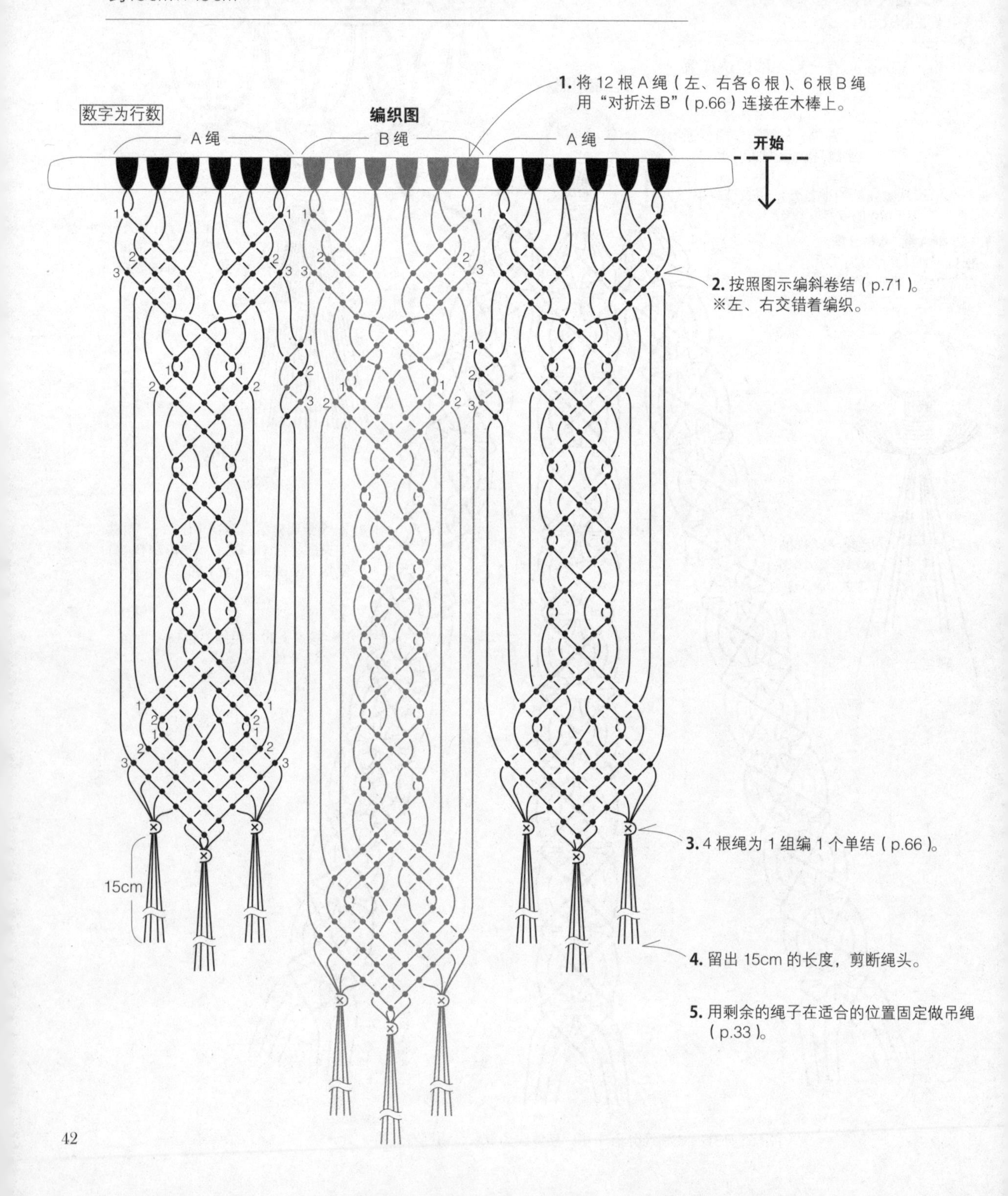

1. 将12根A绳(左、右各6根)、6根B绳用"对折法B"(p.66)连接在木棒上。

2. 按照图示编斜卷结(p.71)。
※左、右交错着编织。

3. 4根绳为1组编1个单结(p.66)。

4. 留出15cm的长度，剪断绳头。

5. 用剩余的绳子在适合的位置固定做吊绳(p.33)。

3 带流苏的挂毯 p.6

●材料［　］内为裁剪绳子的长度
绳子…棉绳40号1束
［A绳：210cm×10根，B绳：150cm×8根，流苏绳：15cm×30根，收结绳：50cm×1根］
木棒…原木（MA2191）1根 ※作品中使用的是直径2.5cm、长35cm的木棒。
●成品尺寸（不含吊绳、木棒部分）
约32cm×38cm

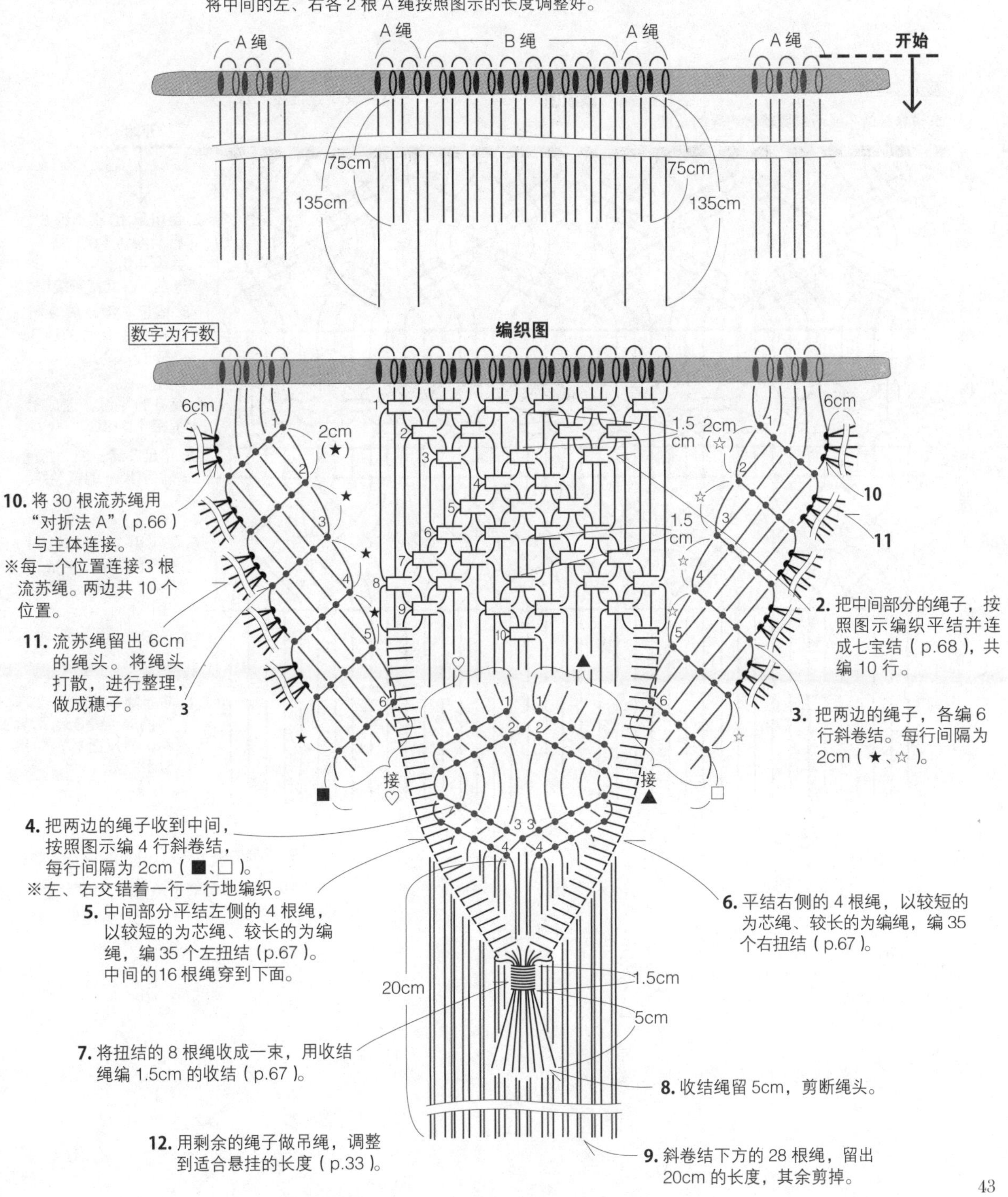

4 方形挂毯 p.7

●**材料** [　] 内为裁剪绳子的长度
绳子…棉绳40号1束
[芯绳：35cm×5根，编绳：200cm×20根]
木棒…手工木棒直径1cm、长25cm(MA2254)1根
●**成品尺寸**(不含吊绳、木棒部分)
约23cm×35cm

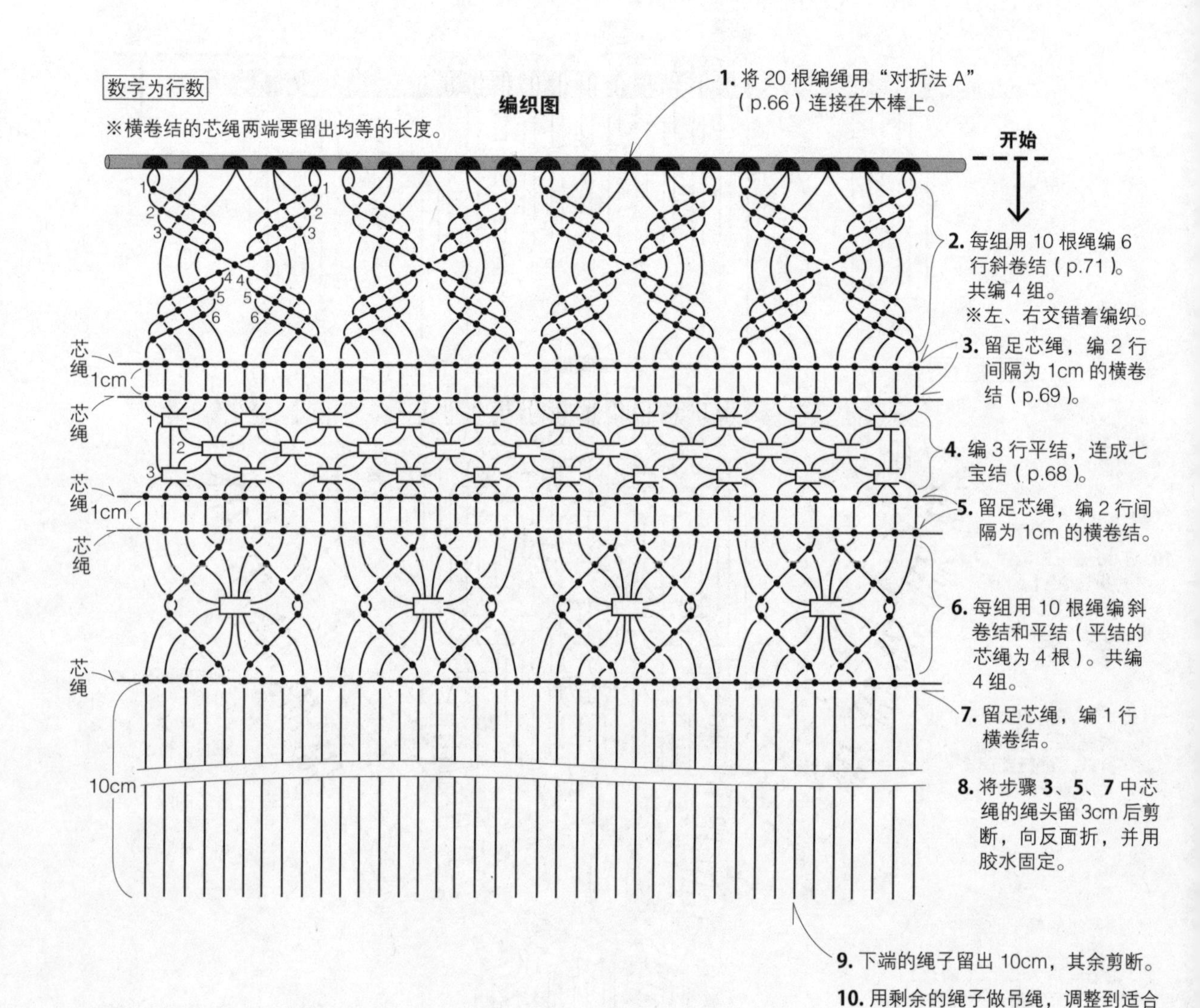

5 V形带圆环挂毯 p.8

●**材料**［　］内为裁剪绳子的长度
绳子…棉绳Soft 5原白色（251）1束
［A绳：195cm×10根，
B绳：175cm×4根］
环…白木木环直径16cm（MA2184）
1个
●**成品尺寸**（不含吊绳、环的部分）
约18cm×45cm

1. 以木环为芯，将 10 根 A 绳、4 根 B 绳（左、右各 2 根）用“对折法 B”（p.66）连接在木环上。请按图示调整 B 绳的长度。

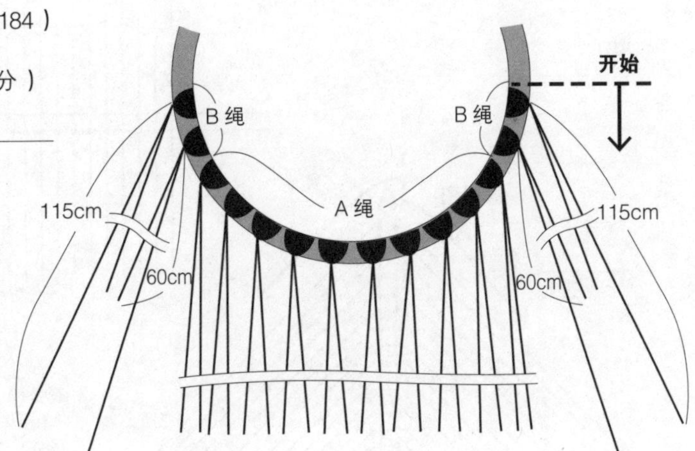

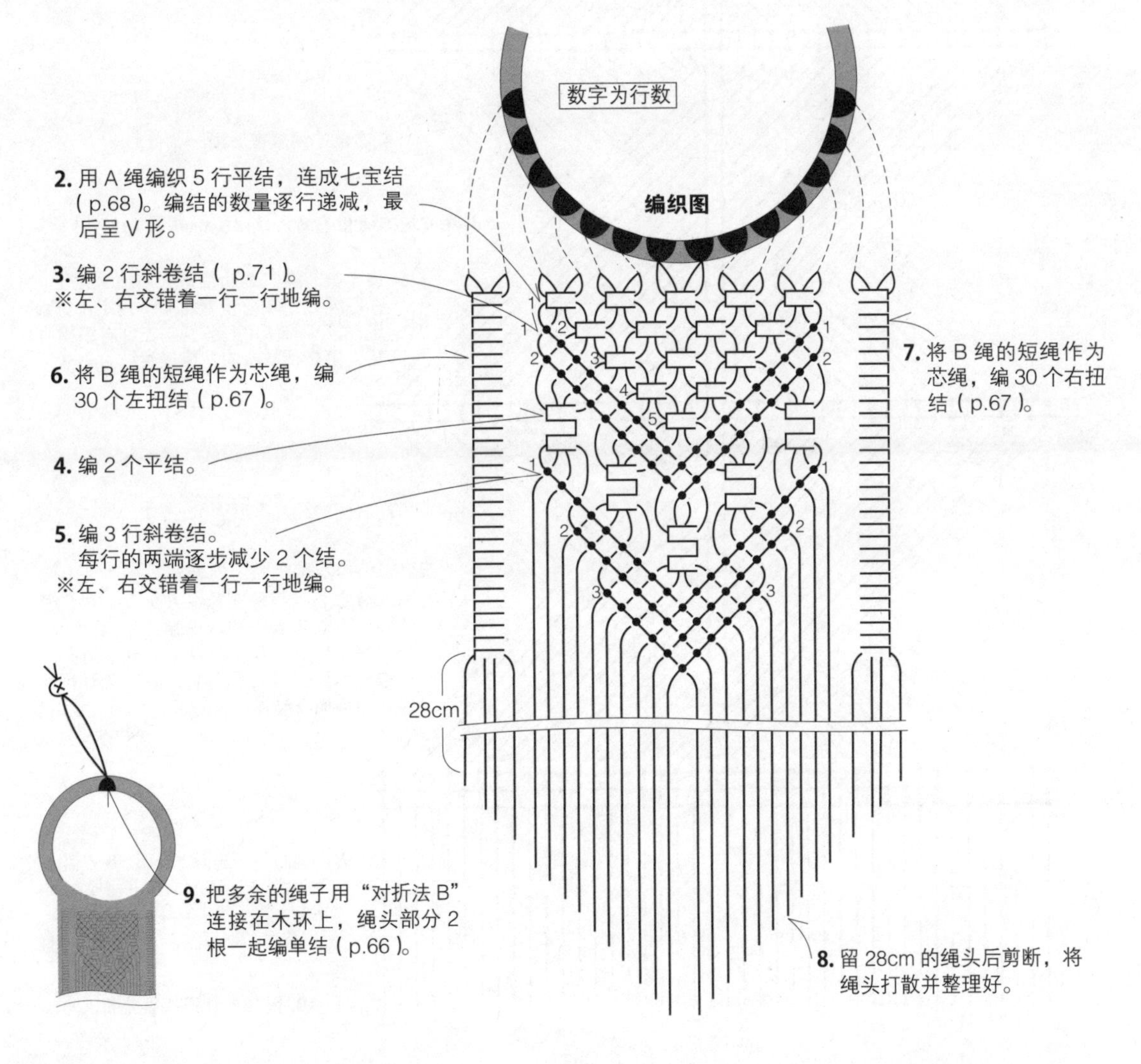

6 黑色几何形挂毯 p.9

●**材料** [　] 内为裁剪绳子的长度
绳子…棉绳Soft 3黑色(291)2束
[芯绳A：180cm×1根，芯绳B：70cm×2根，芯绳C：100cm×1根，编绳：200cm×20根]
●**成品尺寸**
约18cm×63cm

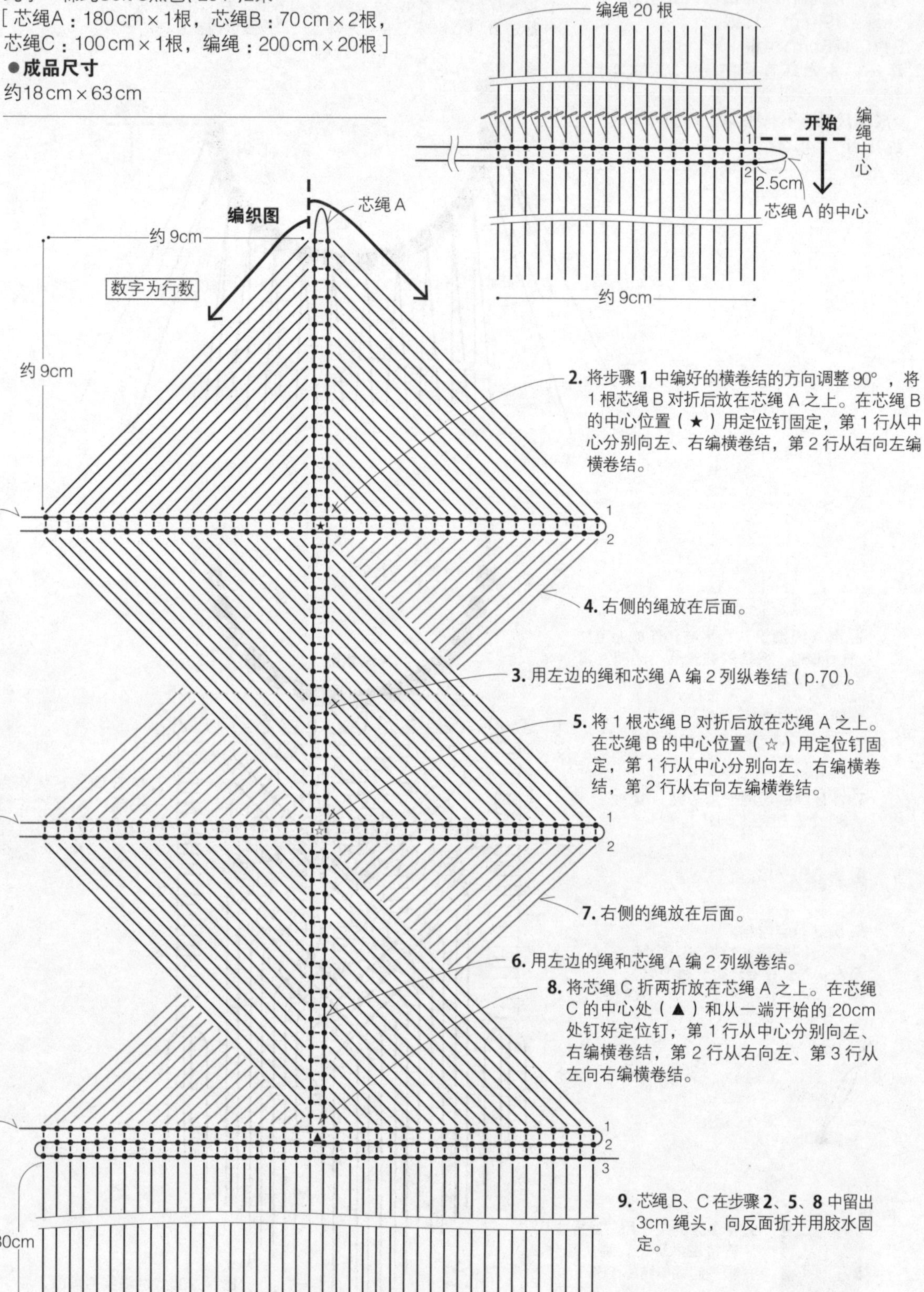

7~10 猫头鹰小挂饰 p.10

●**材料** [　] 内为裁剪绳子的长度

绳子…

〈**7**〉棉绳40号1束

[A绳：150cm×6根，B绳：110cm×2根，C绳：50cm×2根，D绳:100cm×2根，收结绳:30cm×1根]

〈**8**、**9**〉棉绳Soft 3

〈8〉淡绿色(274)1束〈9〉苔绿色(286)1束

[A绳：150cm×6根，B绳：110cm×2根，C绳：50cm×2根，D绳:100cm×2根，收结绳:30cm×1根]

〈**10**〉绒线麻绳(361)1束

[A绳：90cm×6根，B绳：70cm×2根，C绳：30cm×2根，D绳:70cm×2根，收结绳:30cm×1根]

其他材料…

〈**7**、**8**、**9**〉木珠20mm茶色(MA2211)各2个，木环直径44mm茶色(MA2150)各1个

〈**10**〉木珠12mm红木色(W602)2个，木环直径24mm红色(MA2233)1个，皮绳

●**成品尺寸**(不含吊绳部分)

〈**7**〉约12cm×23cm 〈**8**、**9**〉约9.5cm×21cm

〈**10**〉约6cm×11cm

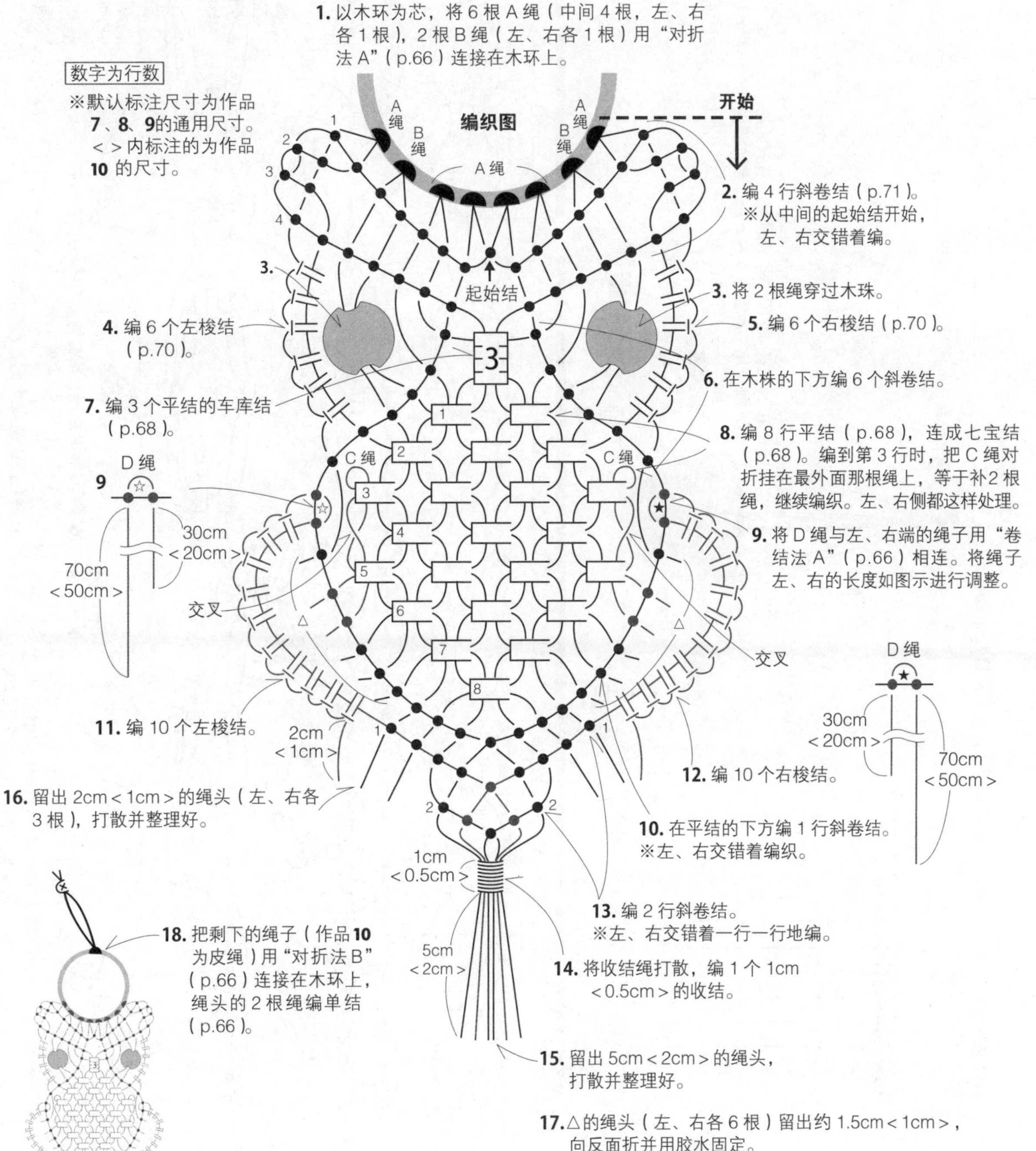

17 麻绳挂篮 p.16

●**材料**［　］内为裁剪绳子的长度
绳子…麻绳3.5mm本白色（381）2束
［160cm×40根］
环…金属环内径23cm（MA2305）1个
●**成品尺寸**（不含吊绳部分）
直径23cm、深约16cm

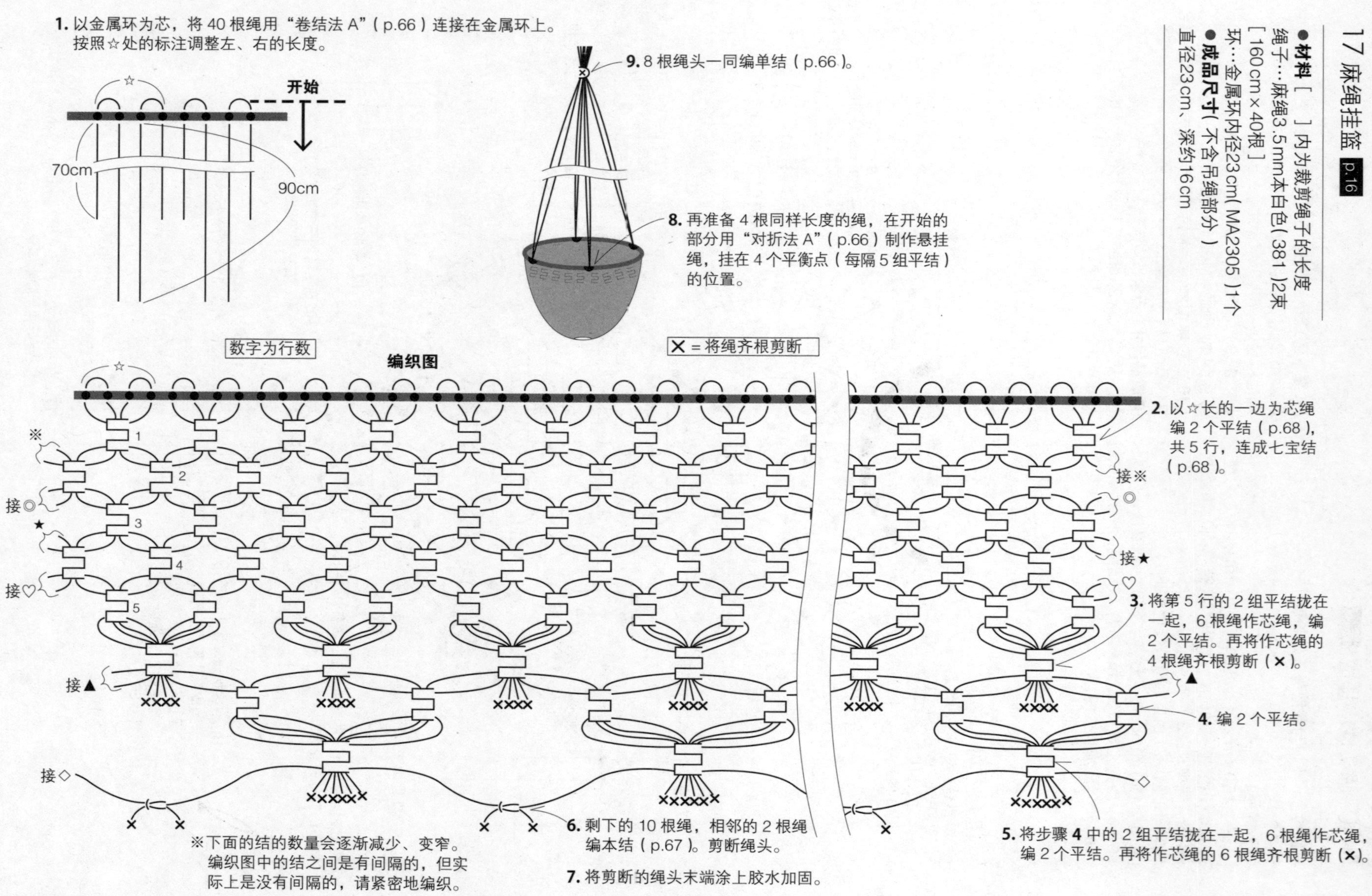

18 扁绳平结挂篮 p.17

●**材料**［　］内为裁剪绳子的长度
绳子…扁绳本白色(681)2卷
［编绳：450cm×12根，
收结绳：80cm×2根］
环…金属环内径3cm(MA2302)1个
●**成品尺寸**(不含流苏部分)
长约85cm

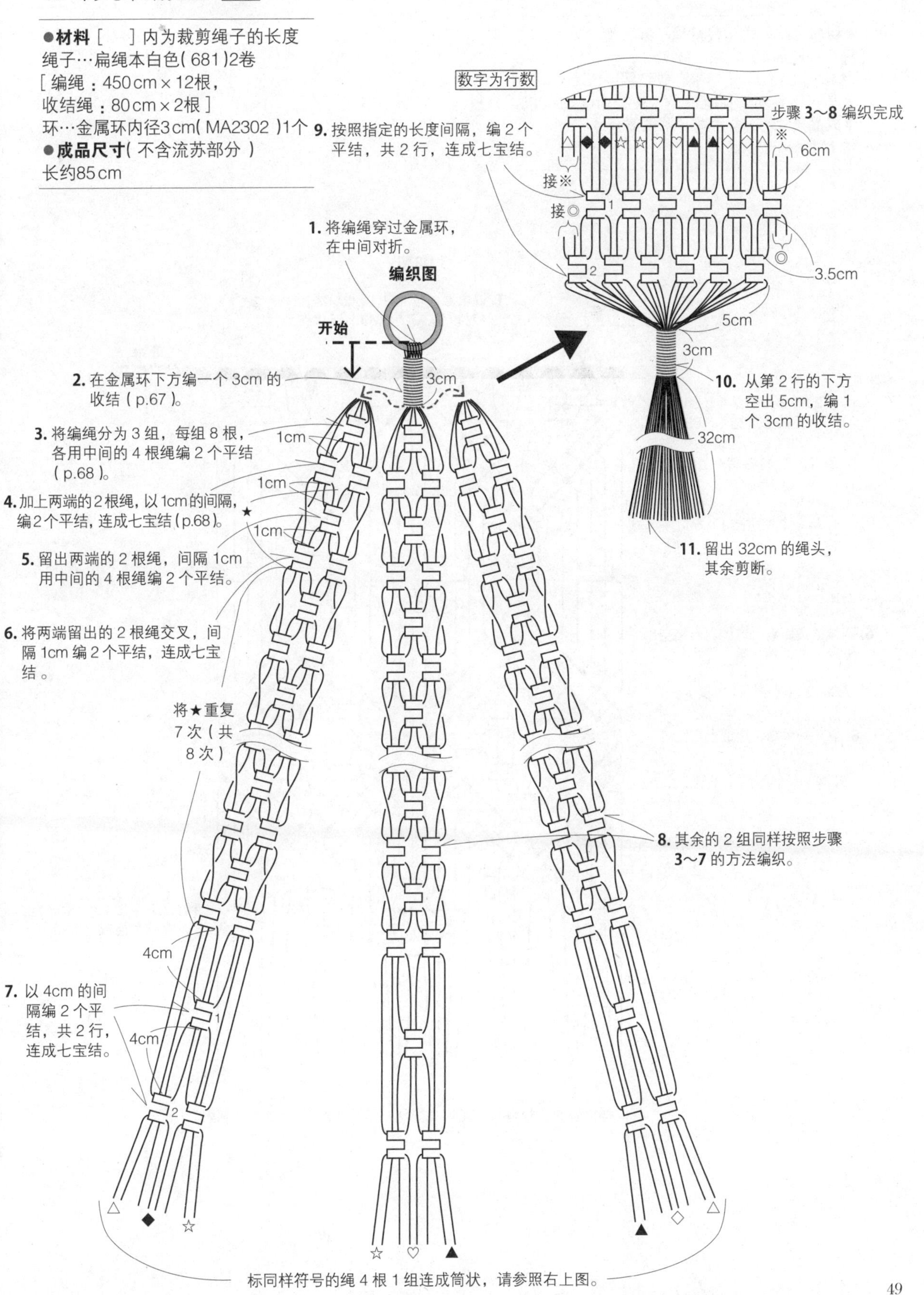

16 挂袋 p.15

●**材料** [　] 内为裁剪绳子的长度
绳子…棉绳40号1束
[编绳：215cm×14根，收结绳：55cm×1根]
木棒…手工木棒直径1cm、长25cm(MA2254)1根
●**成品尺寸**(不含吊绳、木棒部分)
约14cm×50cm

编织图

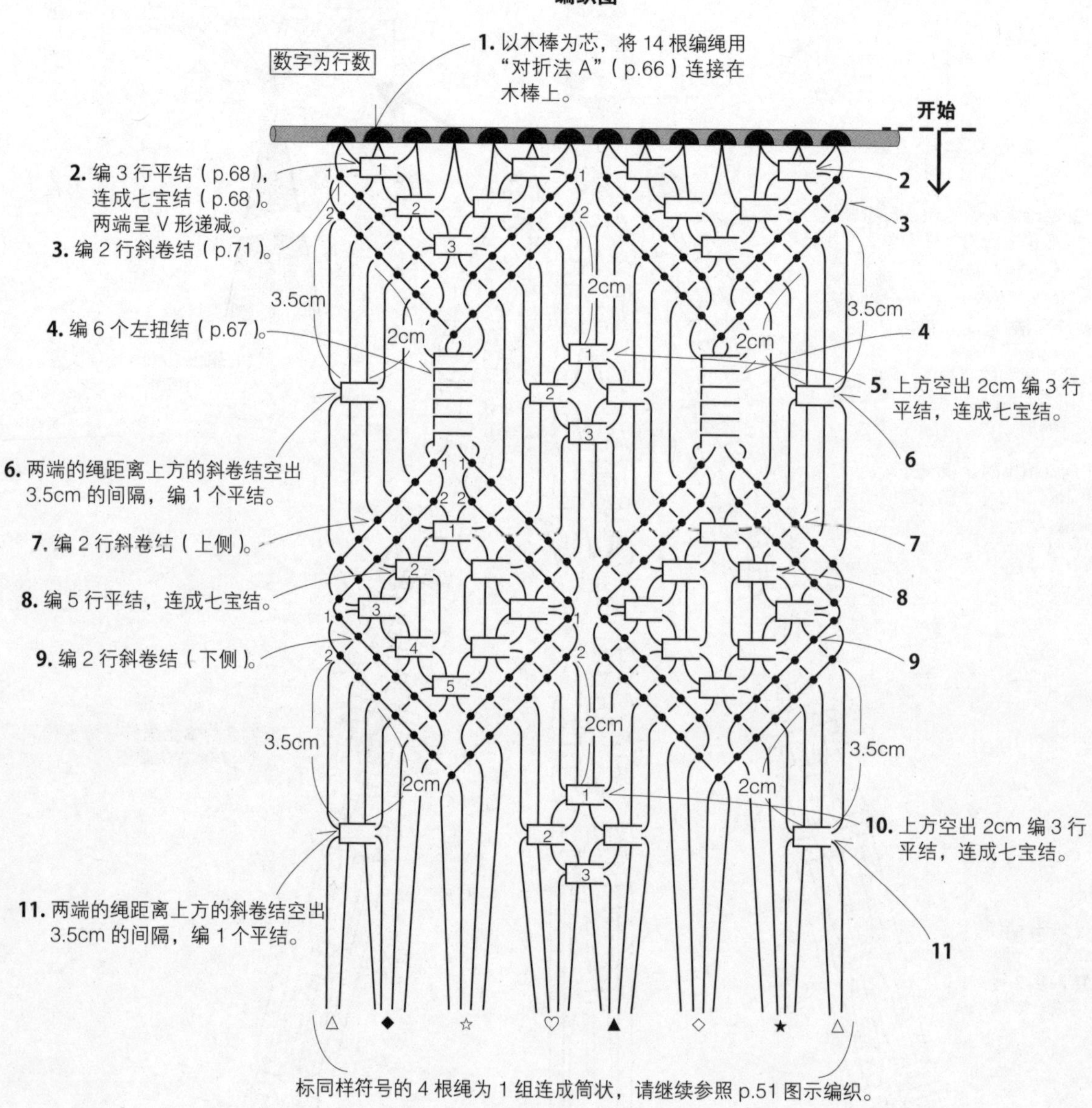

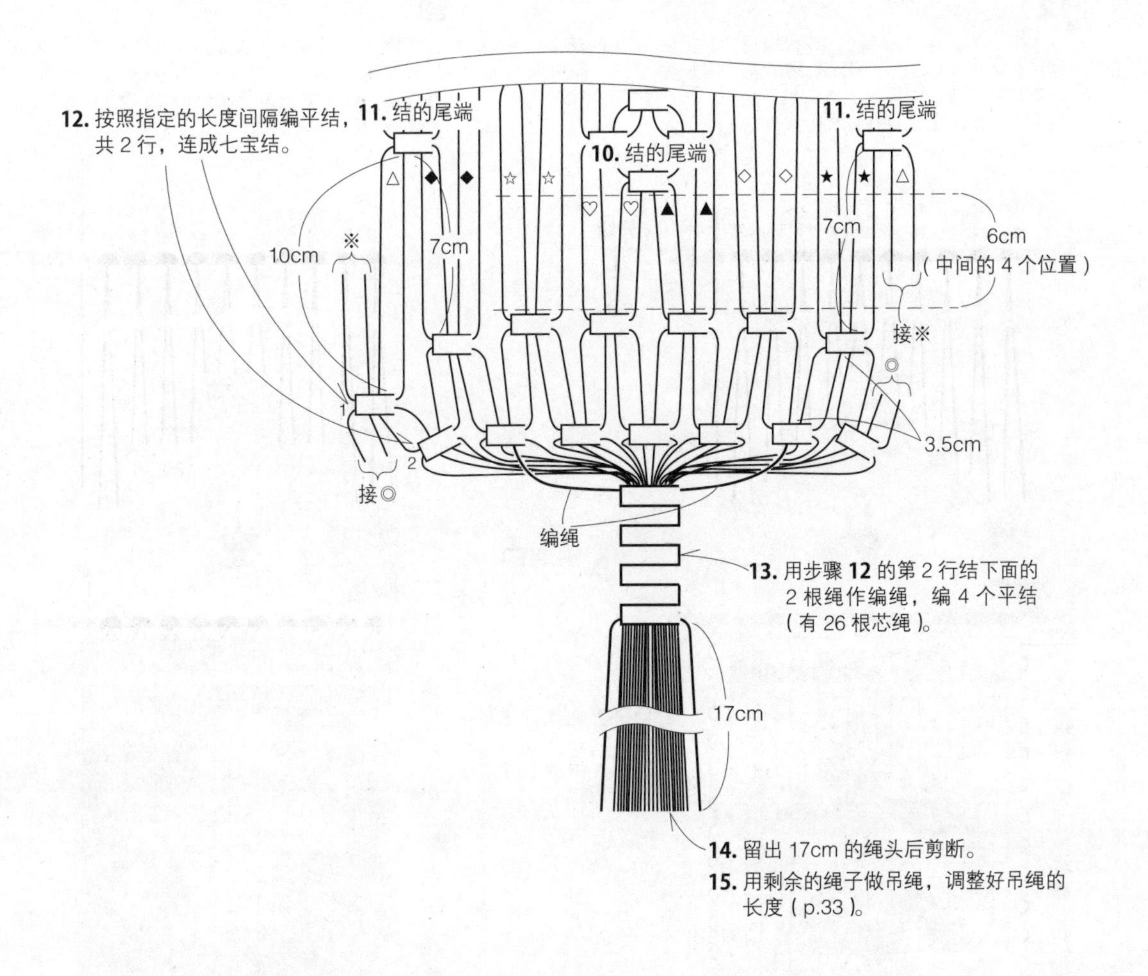

12、13 圣诞风拼色挂毯 p.12

●材料［　］内为裁剪绳子的长度
绳子…包芯棉绳2mm
〈**12**〉绿色（1010）1束 ［A绳：1850cm×1根］
原白色（1001）2束
［B绳：420cm×2根，C绳：400cm×1根，D绳：340cm×1根，E绳：270cm×1根，F绳：210cm×1根，G绳：180cm×1根，H绳：240cm×1根，I绳：300cm×1根，J绳：380cm×1根，K绳：210cm×1根］
〈**13**〉原白色（1001）1束 ［A绳：1550cm×1根］
红色（1009）2束
［B绳：420cm×2根，C绳：390cm×1根，D绳：360cm×4根，E绳：280cm×1根，F绳：200cm×2根，G绳：210cm×1根］
木棒…〈通用〉原木直径1cm、长40cm（MA2190）1根
※木棒切成长20cm的2根。
●成品尺寸（不含吊绳、木棒部分）
约9.5cm×50cm

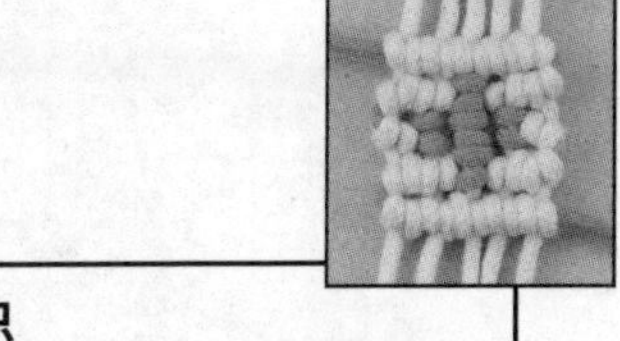

拼色编织

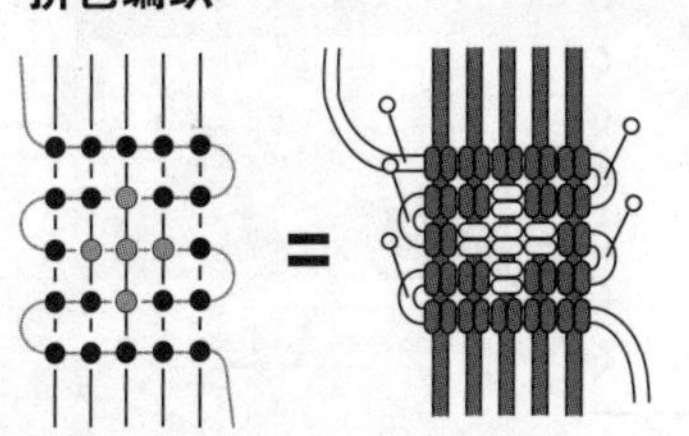

用横卷结（p.69）和纵卷结（p.70）按照编织图进行交错编织，就可以做出想要的图案。
※为了使作品的图案更清晰易懂，我们用方格图表示。

下转p.52

〈12〉

1. 以木棒为芯，将 B~J 绳的 10 根绳用“对折法 A”（p.66）连接在木棒上。C、D、E、F 绳的左、右长度按照图示进行调整并连接。K 绳的上方留出 5cm 用定位钉固定，以横卷结（p.69）连接在木棒上。

〈13〉

1. 以木棒为芯，将 B~F 绳的 10 根绳用“对折法 A”（p.66）连接在木棒上。C、E 绳的左、右长度按照图示进行调整并连接。G 绳的上方留出 5cm 用定位钉固定，以横卷结（p.69）连接在木棒上。

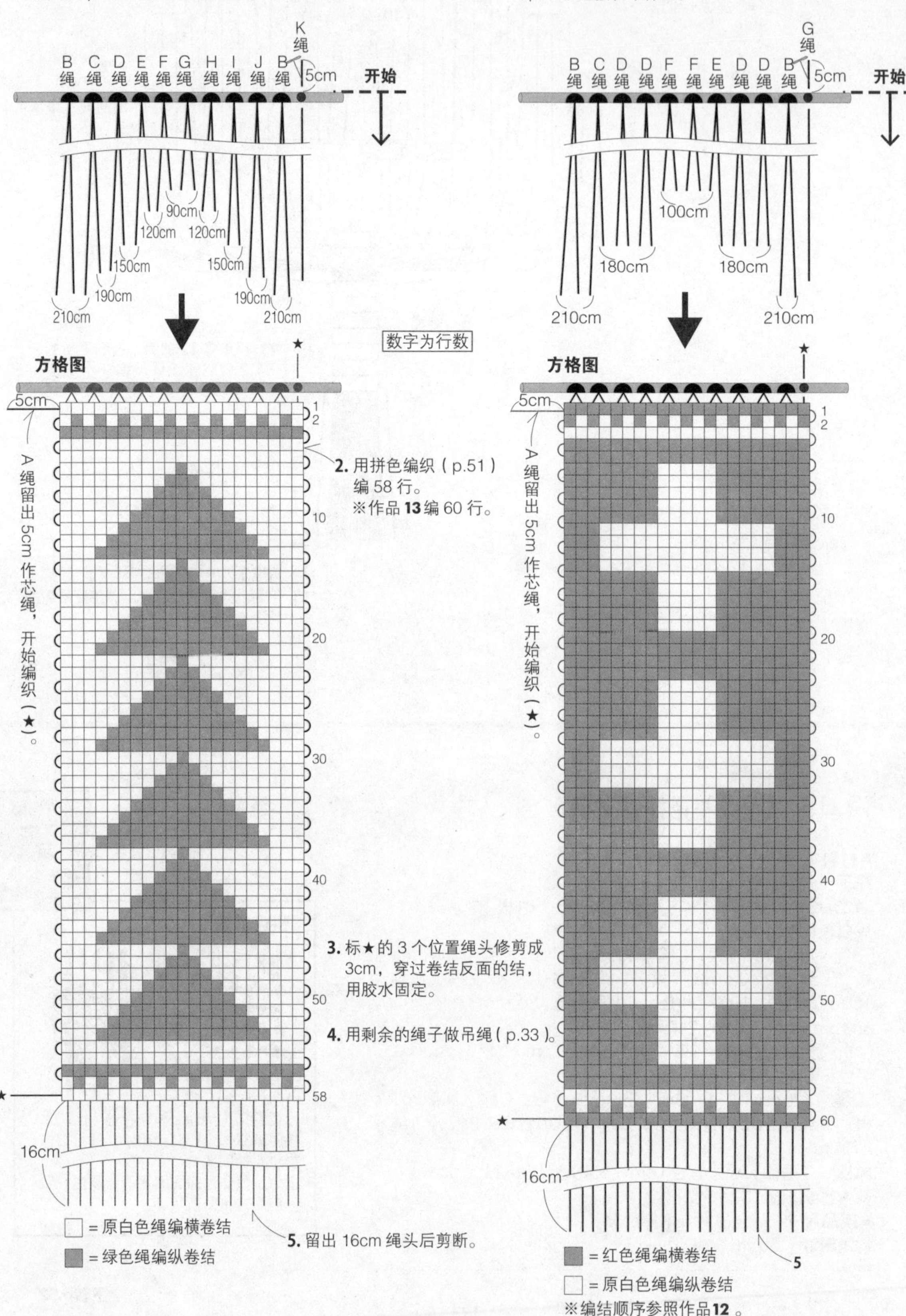

□ = 原白色绳编横卷结

■ = 绿色绳编纵卷结

■ = 红色绳编横卷结

□ = 原白色绳编纵卷结

※编结顺序参照作品**12** 。

11现代简洁风格门帘 p.10

●**材料** [ ] 内为裁剪绳子的长度

绳子…棉绳70号5束

[ⓐ、ⓒ A绳：360cm×10根，B绳：400cm×20根，C绳：440cm×10根；ⓑ、ⓓ D绳：460cm×10根，E绳：500cm×20根，F绳：540cm×10根]

木棒…直径2cm、长100cm1根

●**成品尺寸**

约22cm×120cm(1片)

约88cm×120cm(4片)

上接 p.54

6. 木棒穿过上面的绳圈，把4片的长度都修剪为120cm，绳头编单结（p.66）。编单结的位置要尽可能保持对齐，然后剪断绳头。

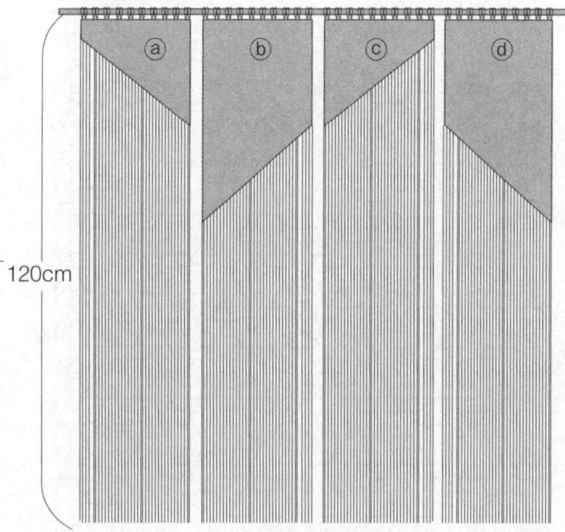

※编法和顺序请参照 p.54 ⓑ编织图的步骤 **1～4**。

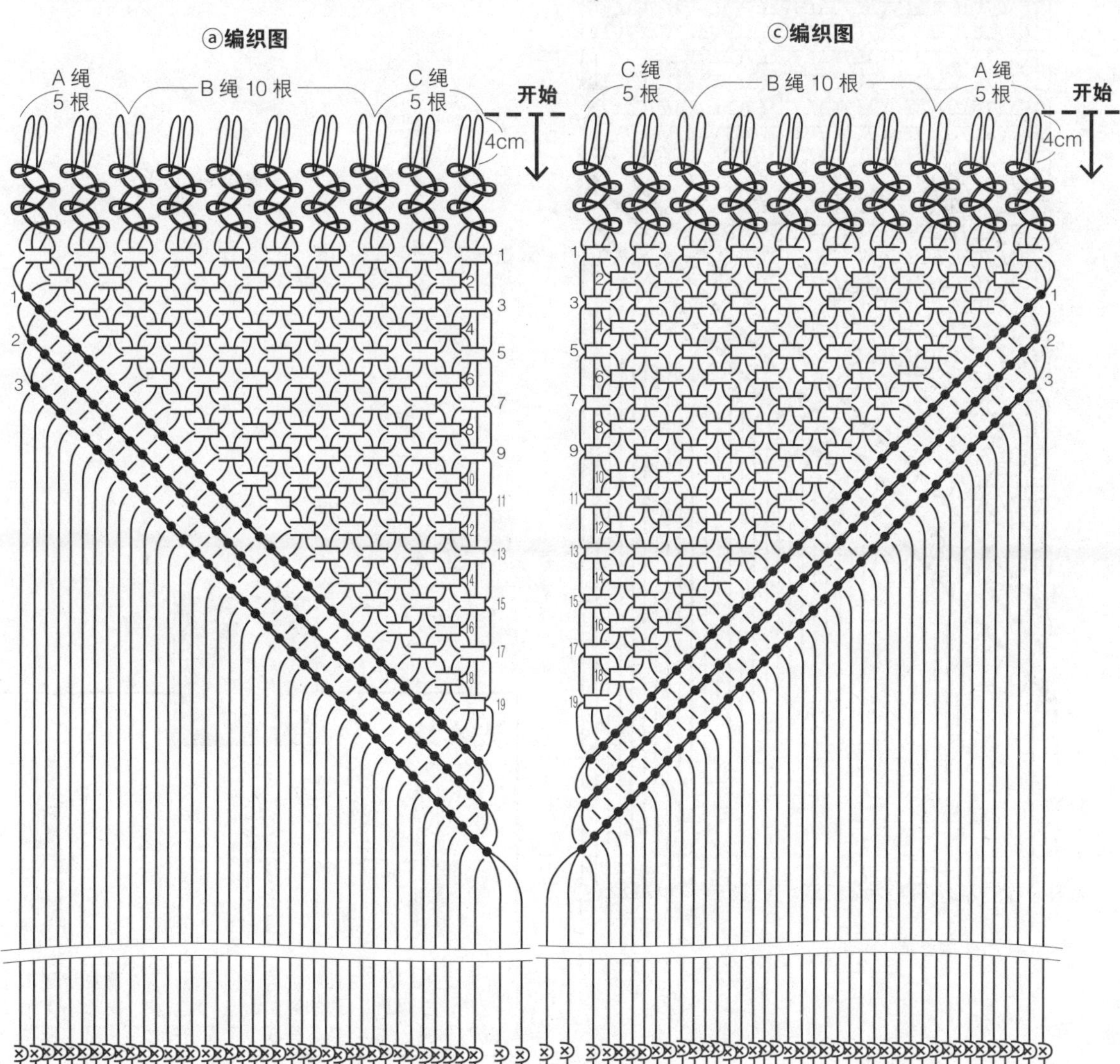

下转 p.54

ⓑ编织图

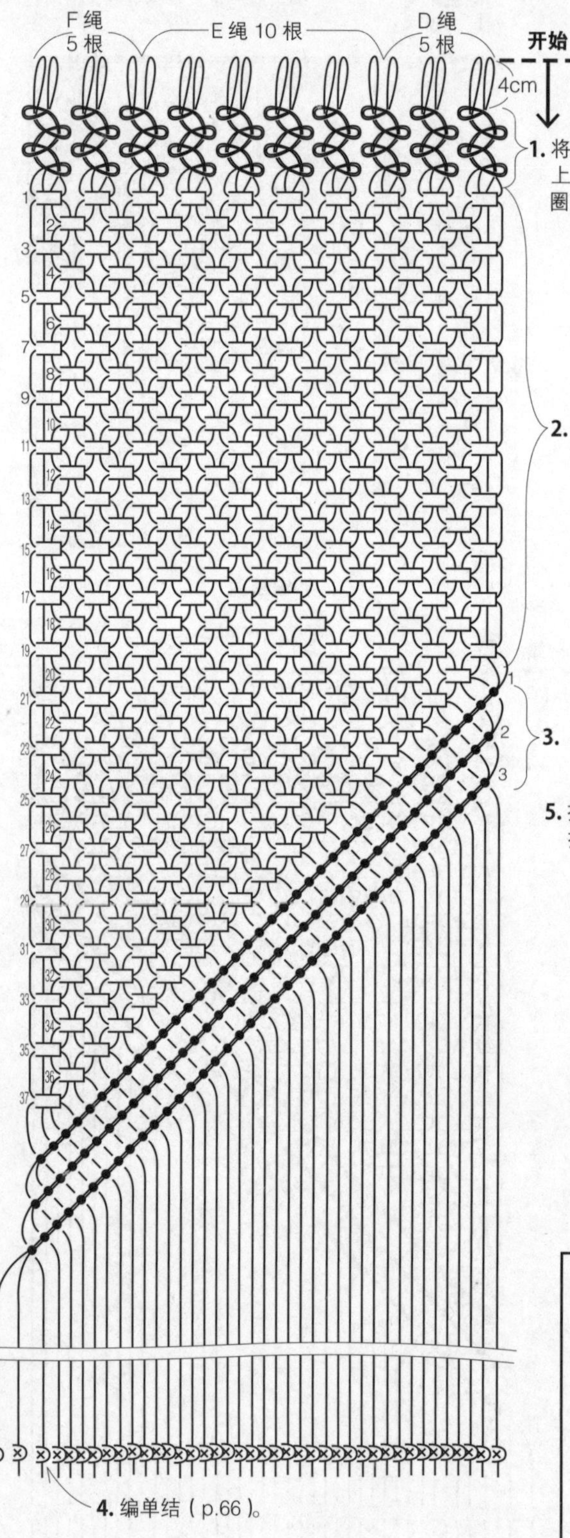

1. 将绳按照D、E、F（ⓐ、ⓒ为A、B、C）字母的顺序对折排列，上方空出4cm取2根绳编2个左右结（参考下方）。在对折的绳圈上部空出4cm的位置用定位钉固定会更容易编织。

2. 编37行（ⓐ、ⓒ为19行）右上平结（p.68）[ⓒ、ⓓ为左上平结（p.68）]，连成七宝结。参考图示，ⓐ、ⓒ从第3行单侧结数递减，ⓑ、ⓓ从第21行单侧结数递减，形成一个斜边。

3. 以2根绳作芯绳，编3行斜卷结（p.71）。

4. 编单结（p.66）。

5. 按照制作说明和编织图（p.53、p.54、p.55）把ⓐ、ⓑ、ⓒ、ⓓ这4片都编好。

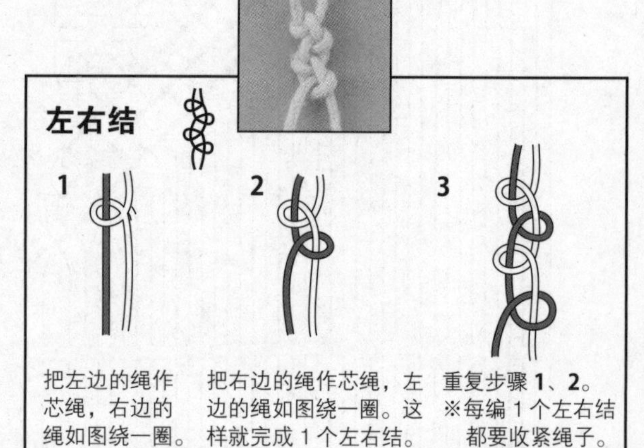

1 把左边的绳作芯绳，右边的绳如图绕一圈。

2 把右边的绳作芯绳，左边的绳如图绕一圈。这样就完成1个左右结。

3 重复步骤**1**、**2**。
※每编1个左右结都要收紧绳子。

※编法和顺序请参照 p.54 ⓑ 编织图的步骤 **1～4**。

ⓓ编织图

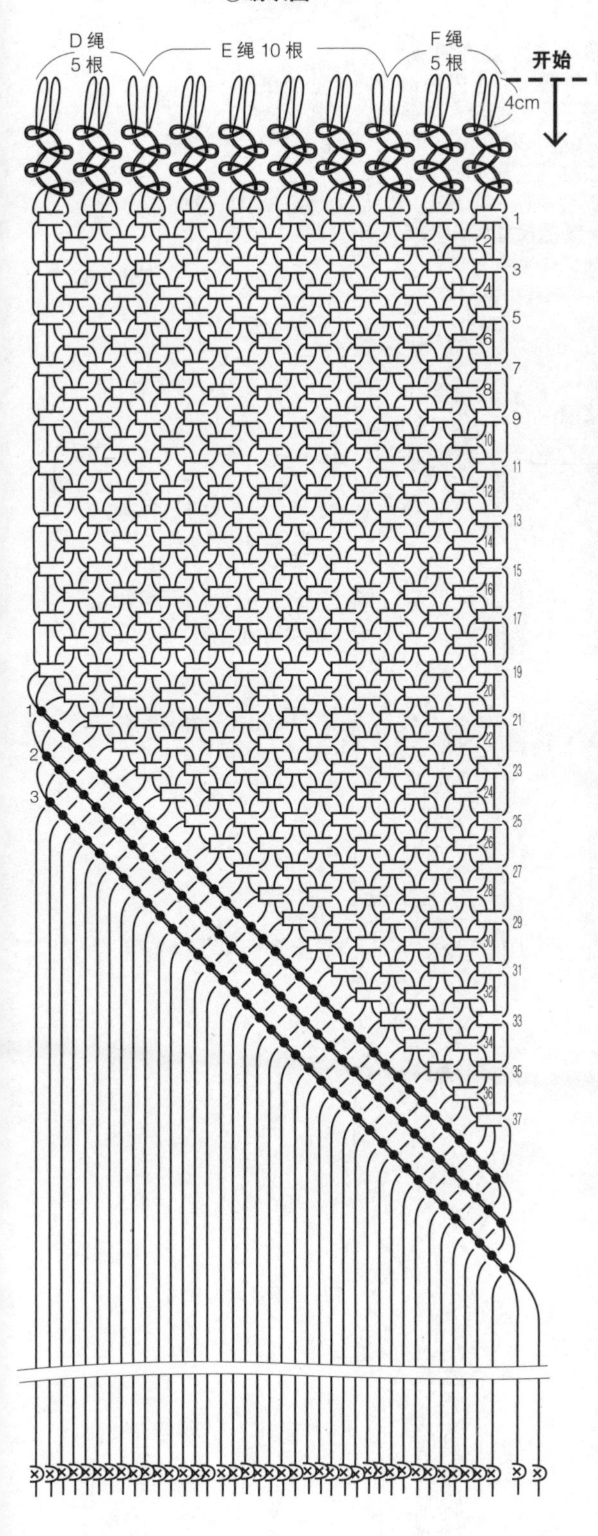

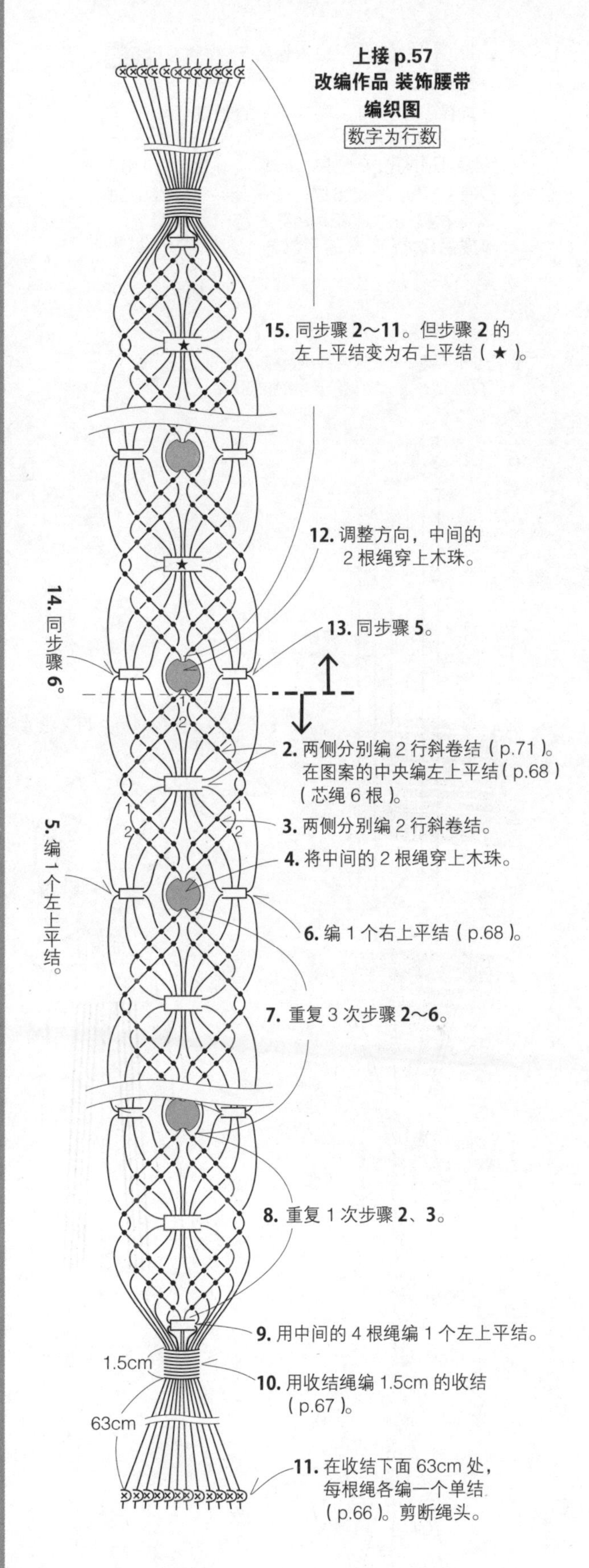

21 窗帘流苏 改编作品 装饰腰带 p.19

●**材料**［ ］内为裁剪绳子的长度
绳子…包芯棉绳3mm灰色（1025）2束
［A绳：350cm×5根，B绳：300cm×1根，
C绳：100cm×18根，收结绳：50cm×2根］
其他材料…木珠12mm红木色（W602）5个
●**成品尺寸**（不含穗子部分）
长约48cm

改编作品 装饰腰带
●**材料**［ ］内为裁剪绳子的长度
绳子…棉绳Soft 3 砖红色（283）2束
［A绳：300cm×10根，B绳：250cm×2根，
收结绳：50cm×2根］
其他材料…木珠12mm红木色（W602）9个
●**成品尺寸**（不含穗子部分）
长约63cm

下转 p.57

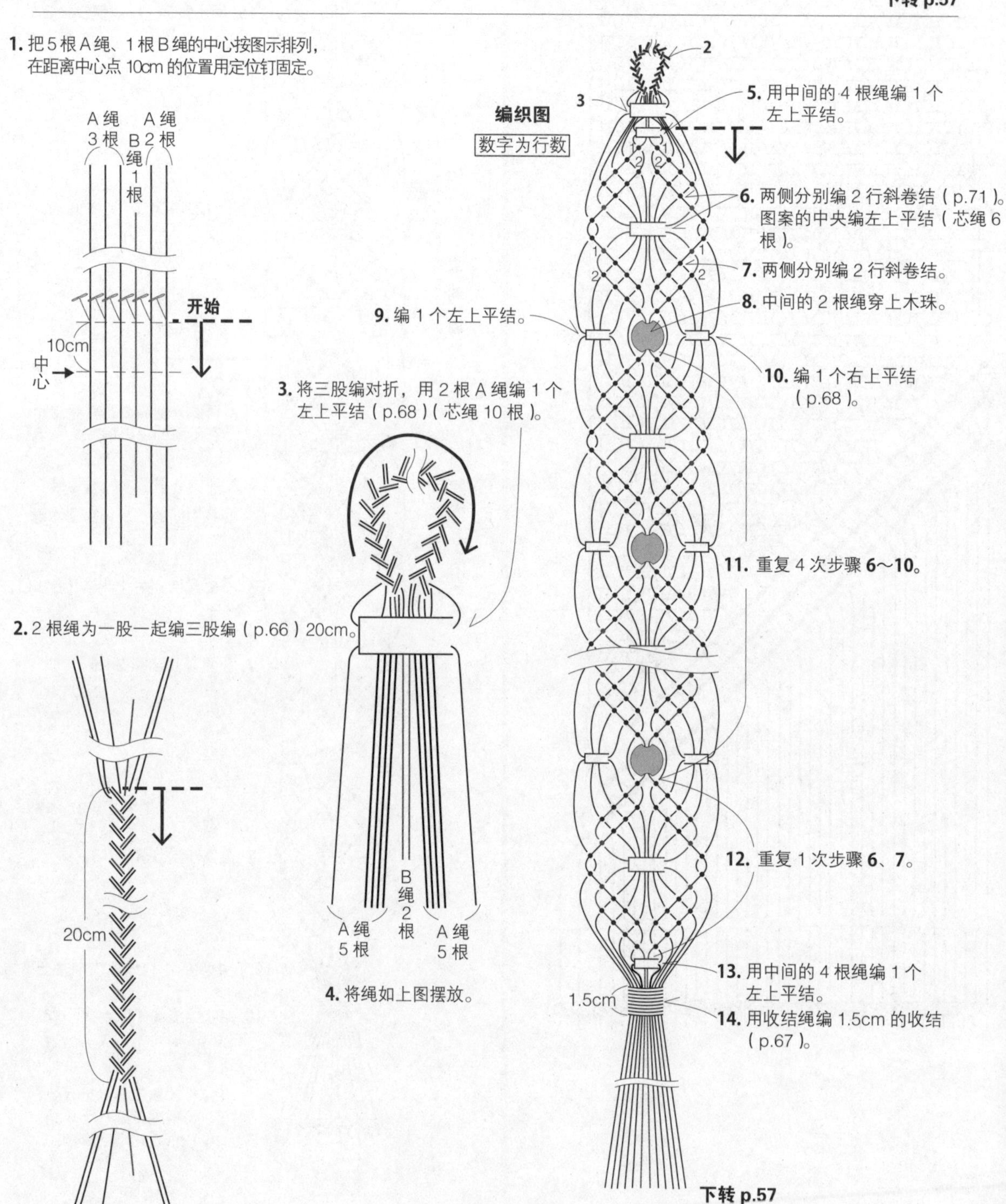

下转 p.57

上接 p.56

15. 将 18 根 C 绳束在一起，从中间对折。在对折的部分用一根短绳（B 绳）和另一根短绳（B 绳）打一个本结（p.67）。

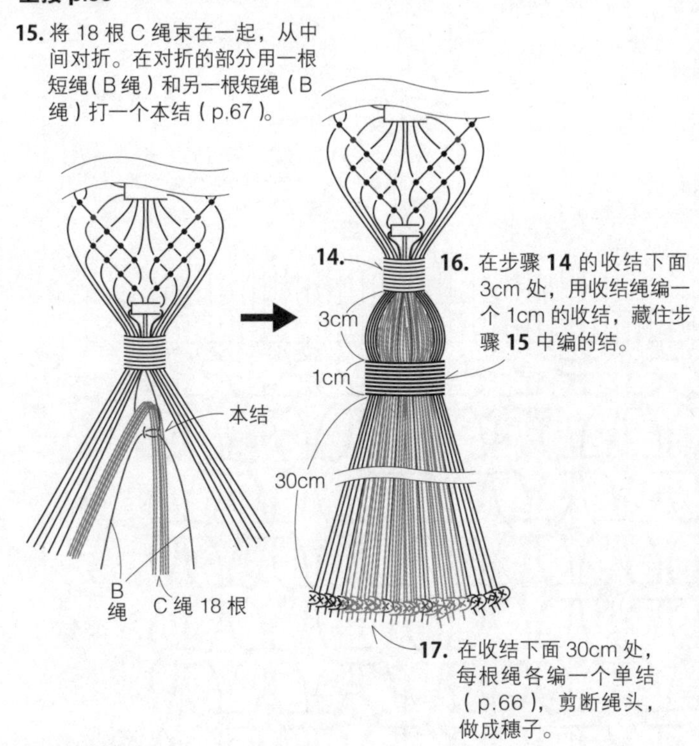

16. 在步骤 **14** 的收结下面 3cm 处，用收结绳编一个 1cm 的收结，藏住步骤 **15** 中编的结。

17. 在收结下面 30cm 处，每根绳各编一个单结（p.66），剪断绳头，做成穗子。

改编作品 装饰腰带

1. 在 10 根 A 绳、2 根 B 绳的中心用定位钉固定，开始编织。

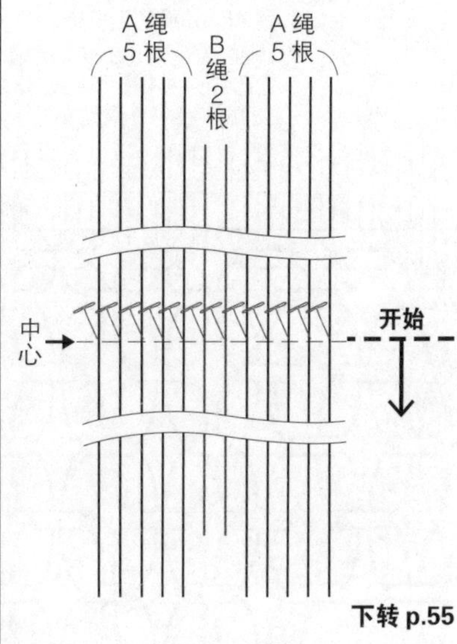

下转 p.55

19、20 抱枕套 p.18

●**材料** [　] 内为裁剪绳子的长度
绳子…扁绳各7卷
〈**19**〉本白色（681）
[编绳：220cm × 88根，芯绳：55cm × 4根]
〈**20**〉墨蓝色（684）
[A绳：210cm × 80根，B绳：230cm × 16根]
其他材料…〈通用〉抱枕40cm × 40cm各1个

●**成品尺寸**
各约45cm × 40cm

〈19〉

1. 芯绳开头留出 5cm，如图横向放置。88 根编绳按照图示的上、下长度纵向放置，在芯绳上编 1 行横卷结（p.69），从左到右的长度为 45cm。这时，将所有的编绳用定位钉固定，排列着编（定位钉的使用方法参照 p.46）。

下转 p.58

〈20〉

1. 取 80 根 A 绳、16 根 B 绳如图纵向放置。在中心位置，每 4 根绳编平结（p.68），编 1 行。用定位钉加以固定，以保证从左到右的长度为 45cm。

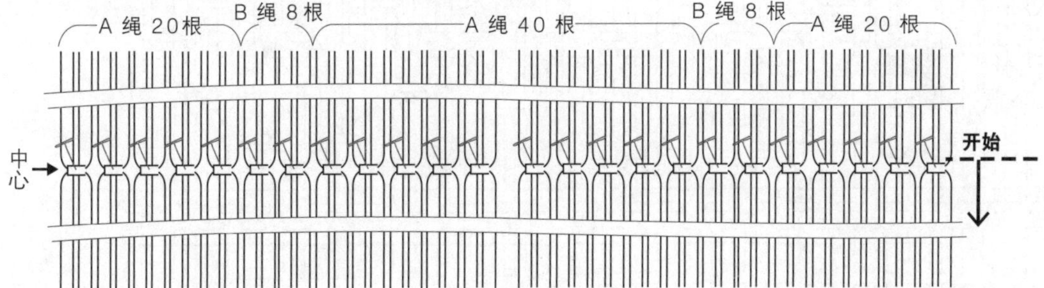

下转 p.59

〈19〉

编织图

※芯绳开头留出5cm。

数字为行数

2. 如图示编 50 行平结（p.68），连成七宝结（p.68）。
3. 补足 1 根芯绳，编 1 行横卷结。
4. 编 2 行平结，连成七宝结。
5. 补足 1 根芯绳，编 1 行横卷结。
6. 留 15cm 绳头后剪断。
7. 调整方向，用 2 根编绳编 8 行平结，连成七宝结（芯绳为 4 根，除指定外，每行的间隔为 5cm）。两端外侧的 2 根绳交叉。
8. 补足 1 根芯绳，编 1 行横卷结。
9. 留 15cm 绳头后剪断。
10. 将芯绳的绳头（步骤 **1**、**3**、**5**、**8**）用钩针穿过反面的结收尾。
11. 用剩下的绳穿过相同符号处（★、☆）并打结。步骤 **6**、**9** 的绳头相同符号处（▲、△）也同样打结，将抱枕放入。

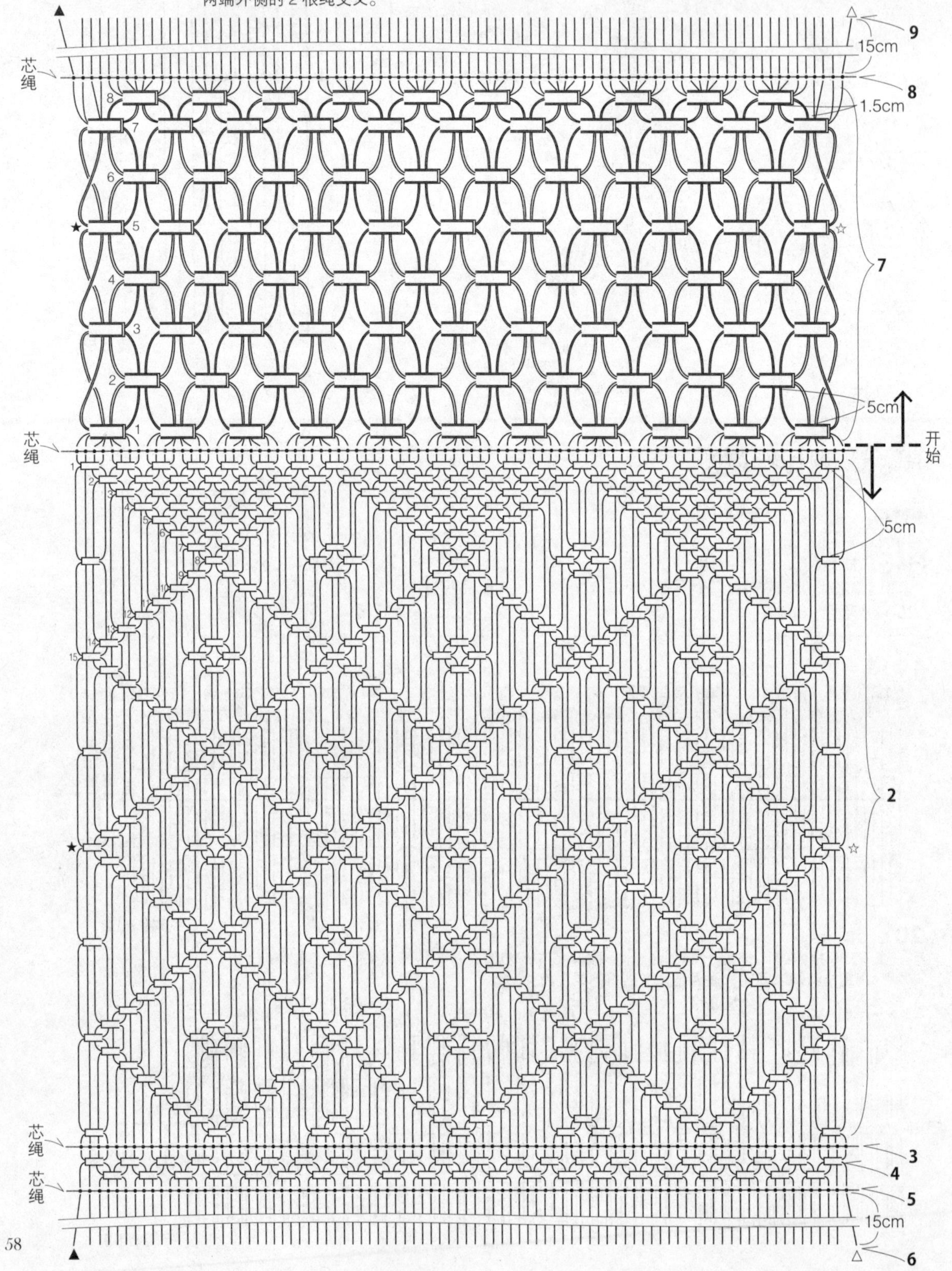

〈20〉

编织图

数字为行数

2. 编 22 行平结，并连成七宝结（p.68）。中央部分编结的数量递减，形成倒 V 形。两端外侧的绳交叉。

3. 左、右编斜卷结（p.71），两个小正方形中央用 3 根绳编平结（芯绳为 8 根），另外两个小正方形按照图示编织。

4. 左、右编斜卷结，两侧大正方形的中央用 5 根绳编平结（芯绳为 14 根），下侧大正方形的中央也用 5 根绳编平结。

5. 编 1 行平结。

6. 编 1 行斜卷结。

7. 留 15cm 绳头后剪断。

8. 调整方向，重复步骤 **2~7**。

9. 把符号处（★、☆）与反向相同部分的绳头相连，放入抱枕。

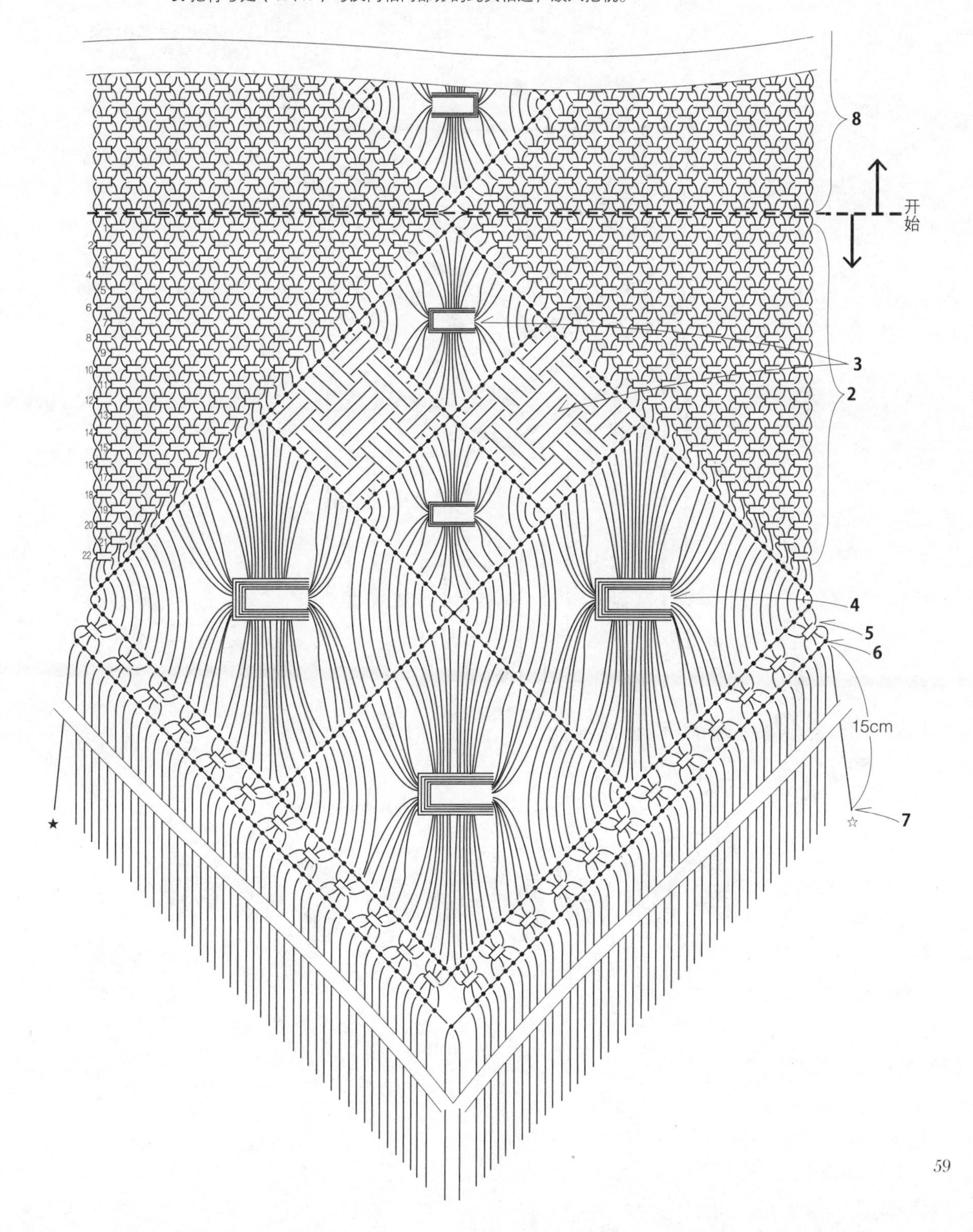

14 挂旗 p.13

●材料 [　　] 内为裁剪绳子的长度
绳子…棉绳Soft 3蓝色(288)3束
[芯绳：150cm×1根，编绳：80cm×72根]

●成品尺寸
约7cm×14cm(1面旗子)

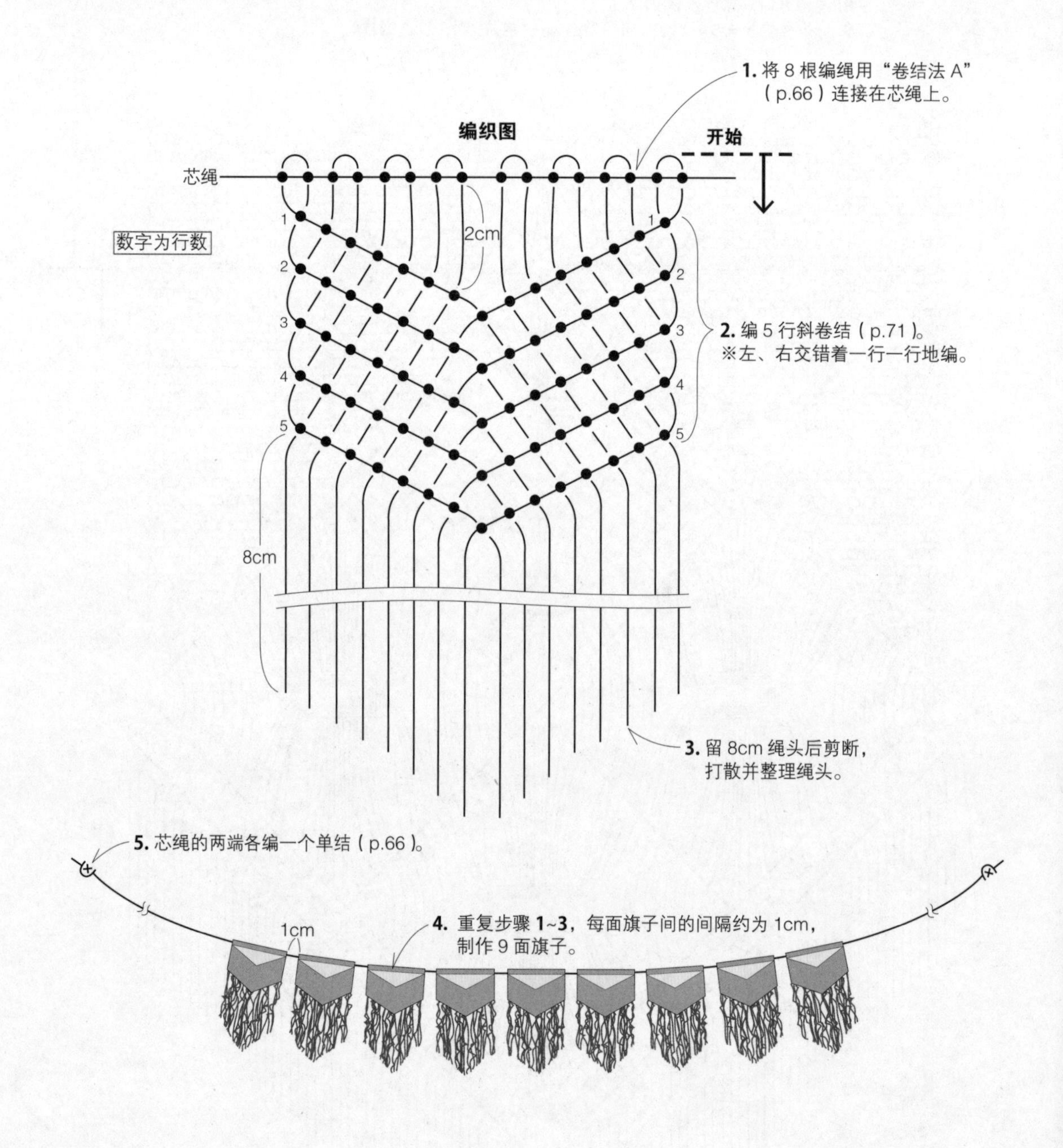

22 灯罩 p.20

●材料［ ］内为裁剪绳子的长度
绳子…包芯棉绳3mm原白色（1021）3束
［150cm×54根］
环…金属环内径15cm（MA2304）1个
其他材料…链子、S钩
●成品尺寸
直径15cm、长约22cm

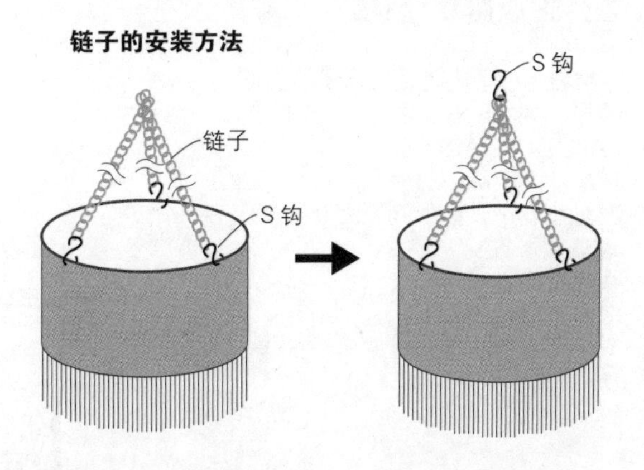

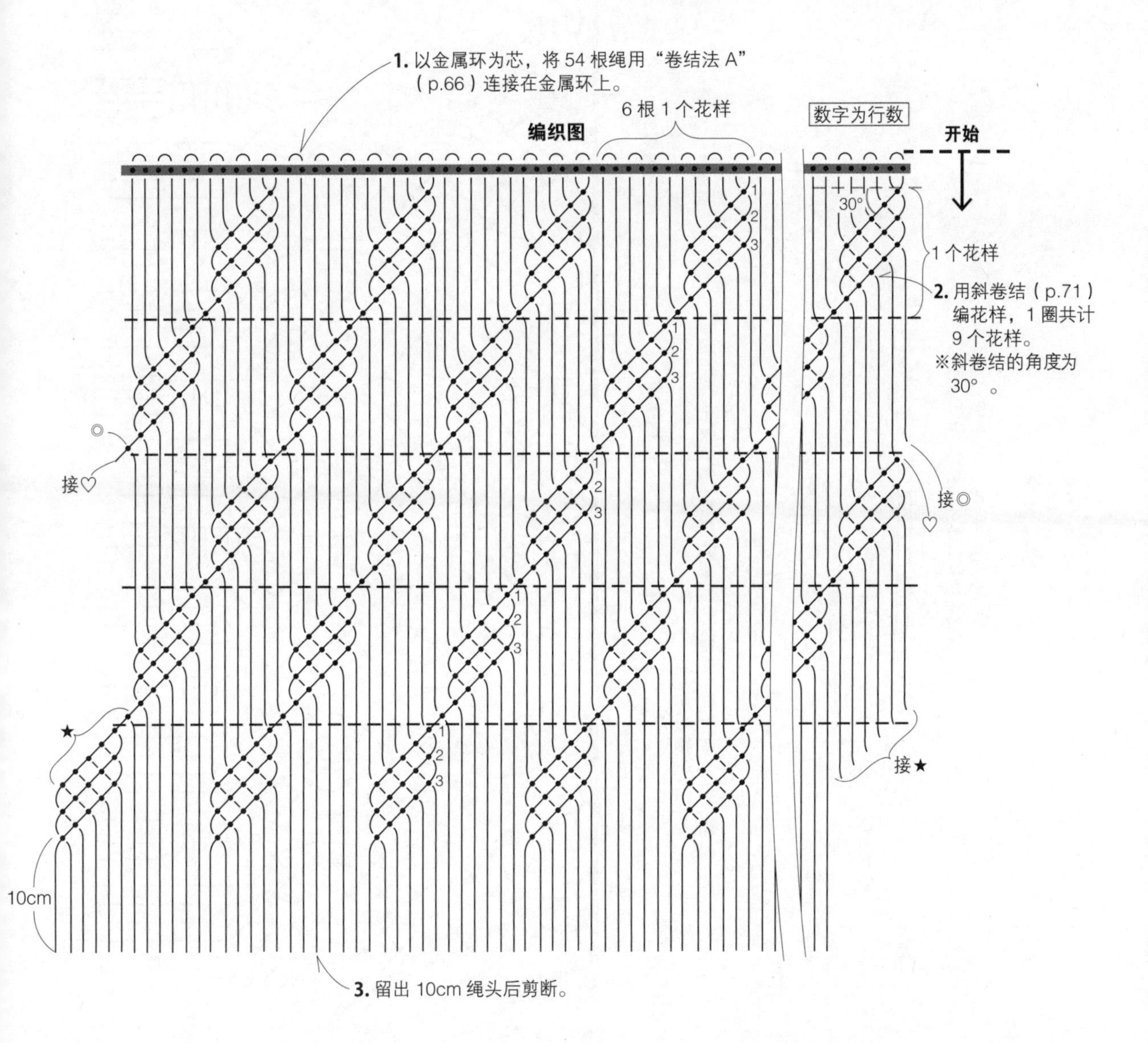

23 玻璃瓶罩 p.21

●**材料** [　　] 内为裁剪绳子的长度
绳子…棉绳Soft 3 原白色(271)2束
[A绳：125cm × 2根，
B绳：100cm × 30根]
其他材料…直径8cm、高16cm的玻璃瓶 1个

●**成品尺寸**
长约15cm

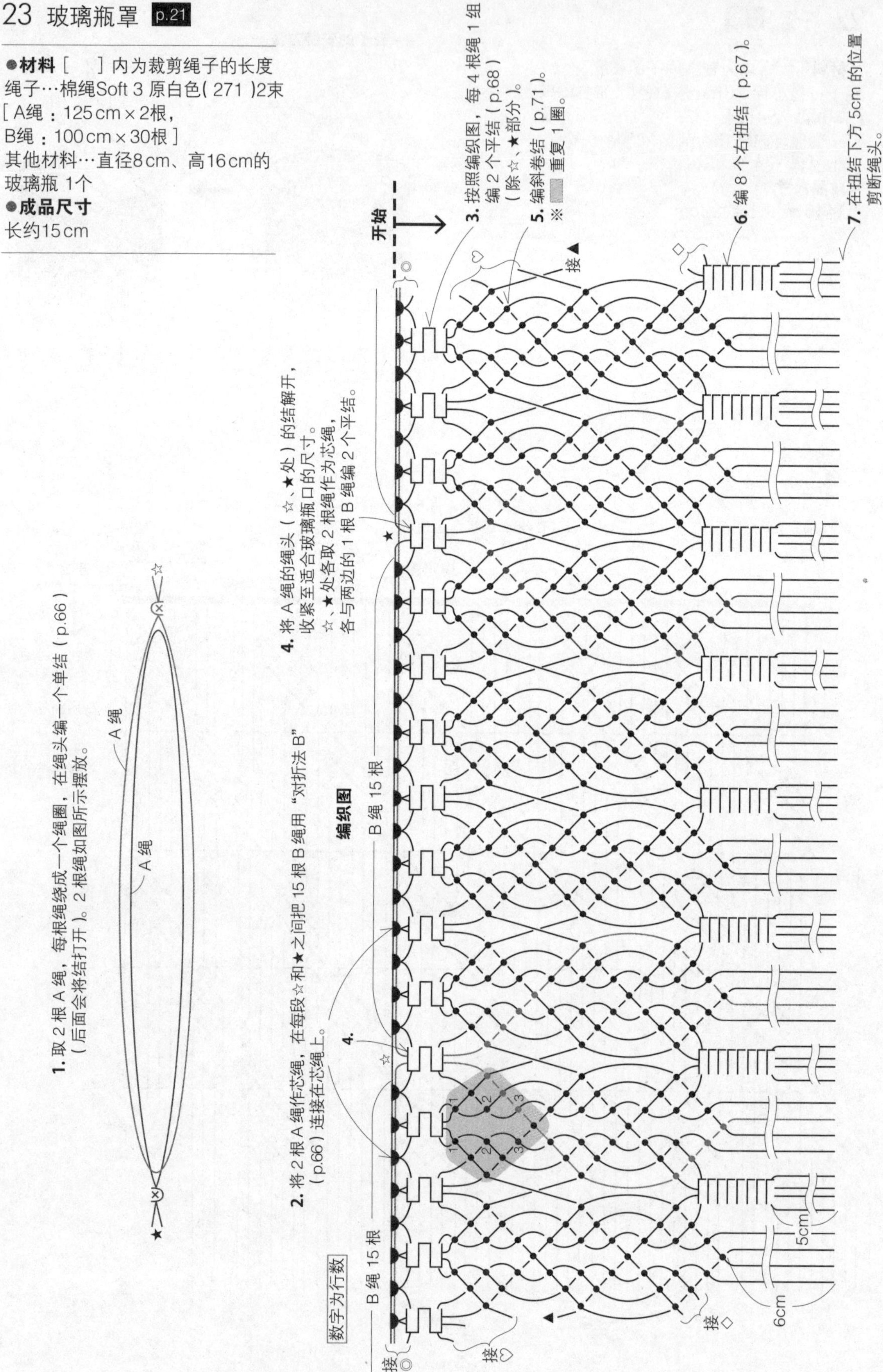

24 杯垫 p.22

●材料［　］内为裁剪绳子的长度
绳子…包芯棉绳4mm 原白色（1041）各1束
〈**大号**〉［芯绳：1100cm×1根，编绳：800cm×1根］
〈**小号**〉［芯绳：900cm×1根，编绳：600cm×1根］
其他材料…毛线或细线适量

●成品尺寸
〈**大号**〉直径约15cm
〈**小号**〉直径约11cm

1. 将芯绳一圈一圈缠绕在大小合适的圆柱上（大号可以用宽胶带、小号可以用饮料瓶等）。

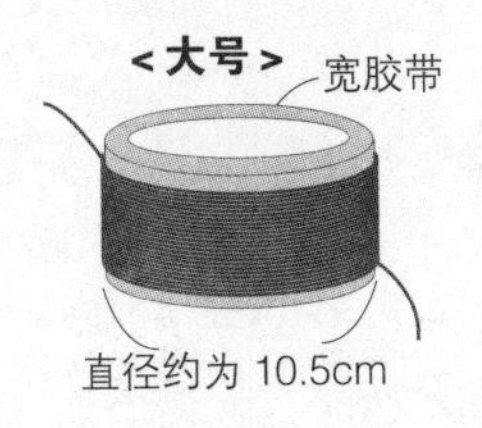

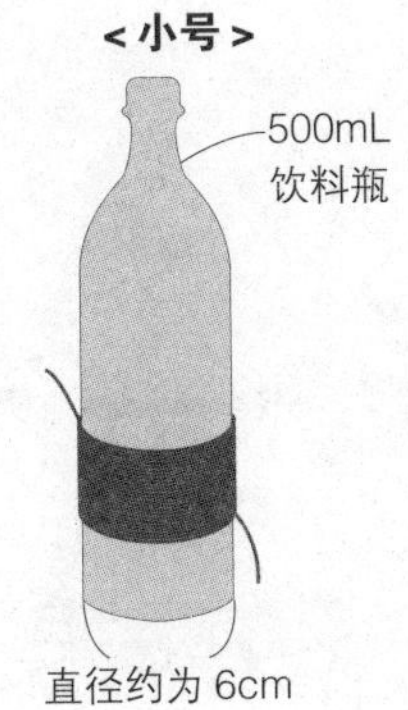

2. 将缠好的芯绳束从瓶子或宽胶带上取下，在 4 个地方系上毛线固定。

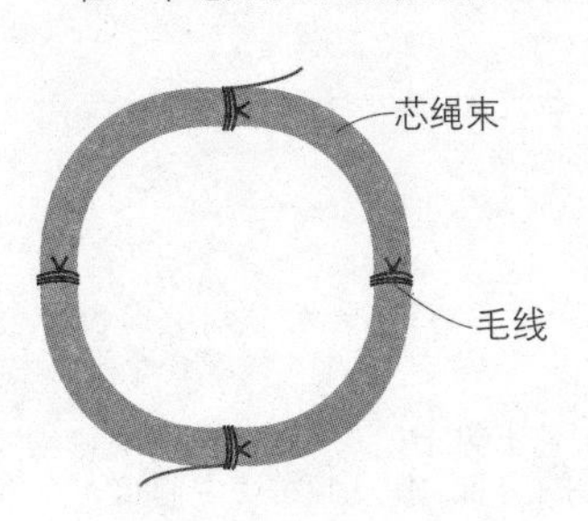

3. 将编绳对折，挂在芯绳束上，把其中一半束起来，用没有束起来的一边的编绳编右轮结（参照下图）。

5. 将步骤 **3** 束起来的编绳解开，用同样的方法，编好剩下部分的右轮结。留出绳头。

4. 用右轮结编到芯绳束的一半。留出绳头。

6. 将步骤 **4**、**5** 留出的 2 根绳头一起编一个单结（p.66）。

7. 间隔 5cm，再编一个单结，剪断绳子。

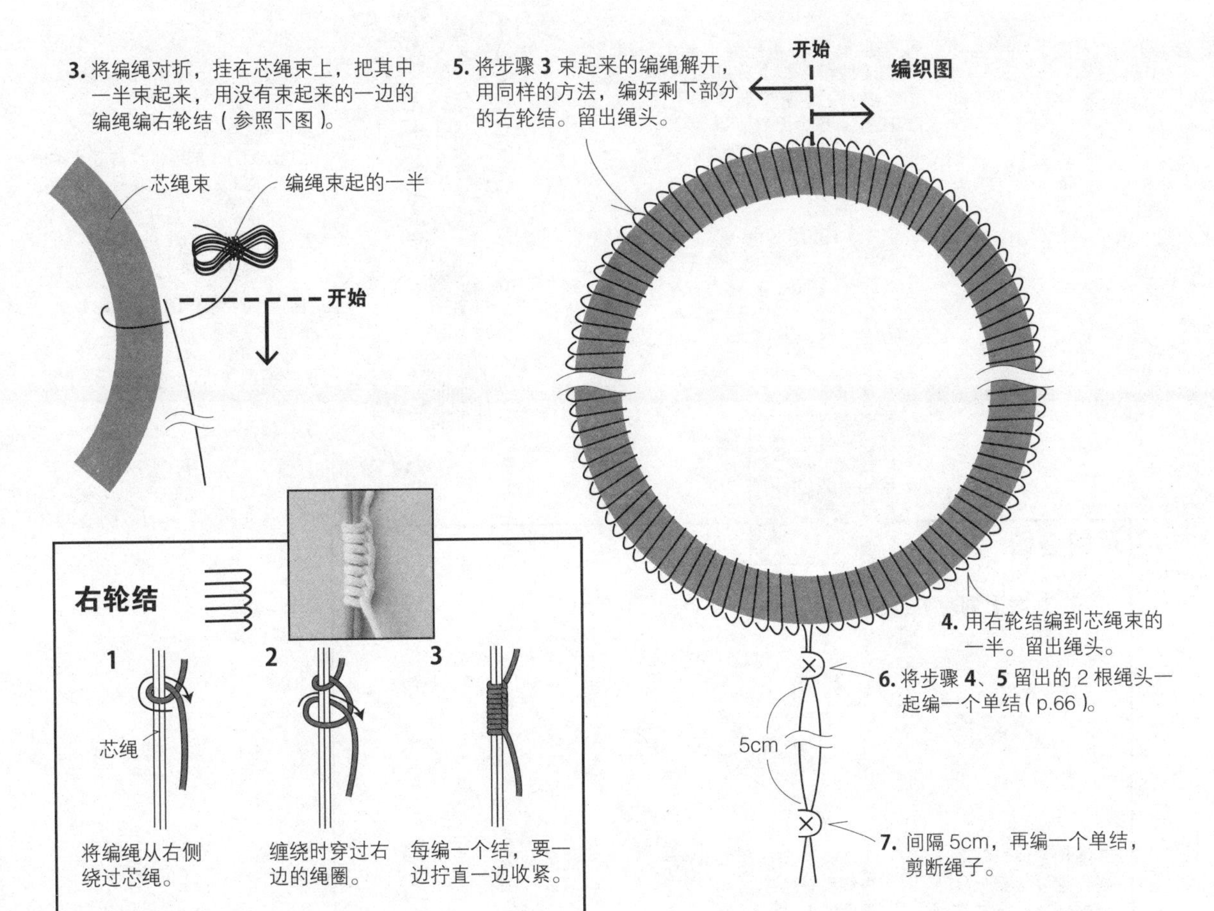

25~27 提包挂饰 p.23

●**材料**［　］内为裁剪绳子的长度
绳子…包芯棉绳2mm各1束
〈**25**〉水绿色(1006)［A绳：100cm×8根，收结绳：50cm×1根］
〈**26**〉灰色(1005)［A绳：135cm×2根，B绳：120cm×2根，C绳：110cm×2根，收结绳：50cm×1根］
〈**27**〉蓝色(1007)［A绳：120cm×4根，B绳：95cm×2根，收结绳：50cm×1根］
其他材料…〈通用〉
钥匙环直径4cm(S1101)各1个
●**成品尺寸**(不含钥匙环部分)
〈**25**〉长约21cm
〈**26**〉长约24cm
〈**27**〉长约22cm

〈25〉

1. 以钥匙环为芯，将8根A绳用“对折法A”(p.66)连接在钥匙环上。绳子的左、右长度请按图示调整。

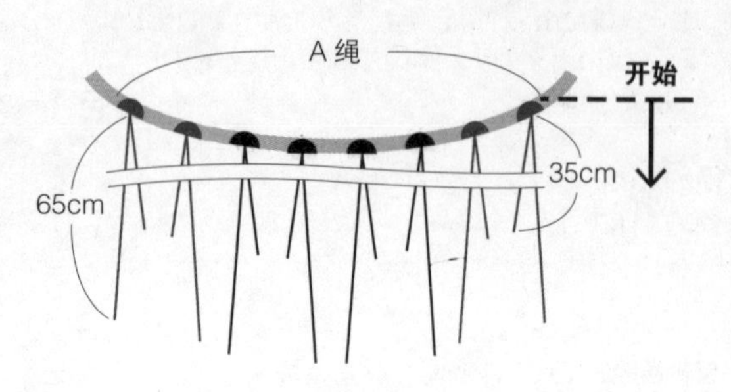

编织图

b
a
b'

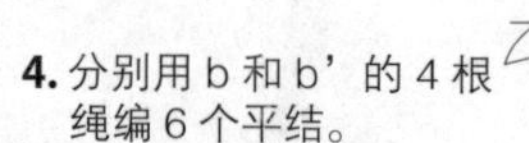

4. 分别用b和b'的4根绳编6个平结。

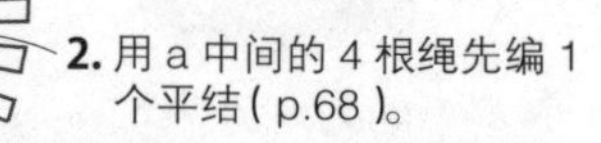

2. 用a中间的4根绳先编1个平结(p.68)。

3. 将a的8根绳左、右各分4根，分别编6个平结。
※a暂时不动直到步骤**6**。

5. 将b和b'两边内侧的各2根绳放到a的上面，用4根绳在中间编1个平结。

6. 将步骤**5**的4根绳(★)分成2组(每组2根)分别和2根b绳、2根b'绳在步骤**3**的下方，左、右各编6个平结。
※b和b'暂时不动直到步骤**9**。

7. 用a内侧的4根绳编1个平结。

8. a的8根绳，左右各分4根为1组，分别编6个平结。

9. a的8根绳编1个平结(芯绳为6根)。

10. 用b和b'的8根绳编1个平结，编在步骤**8**的上面(芯绳为6根)。

11. 用所有的绳(16根)编1个平结(芯绳为14根)。

12. 用收结绳编1cm的收结(p.67)。

13. 留10cm绳头，其余剪断。

1cm
10cm

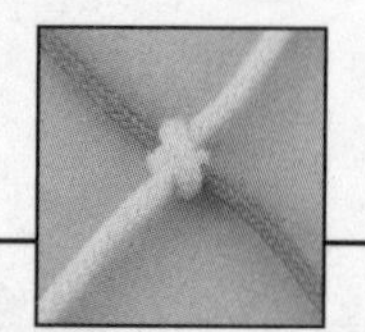

反斜卷结

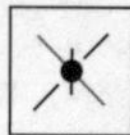

右上到左下缠绕

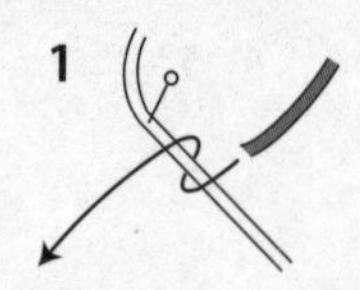

芯绳用定位钉斜着固定好，编绳按照上、下、上的顺序缠绕在芯绳上，拉紧。

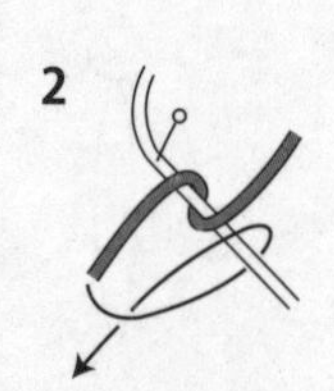

接下来按照箭头的方向，将编绳穿过芯绳的下方，再穿过形成的绳圈。

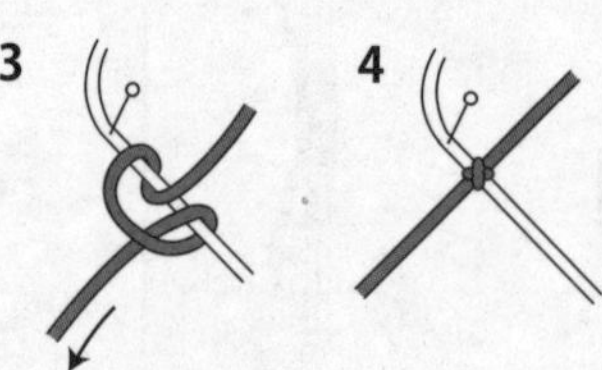

拉紧下面的编绳。

完成。

〈26〉

1. 以钥匙环为芯，将 2 根 A 绳、2 根 B 绳、2 根 C 绳用“对折法 A”（p.66）连接在钥匙环上。A 绳、C 绳的左、右长度请按照图示调整。

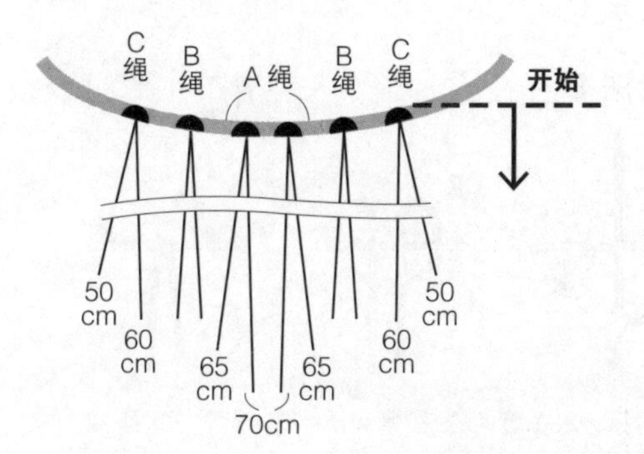

〈27〉

1. 以钥匙环为芯，将 4 根 A 绳、2 根 B 绳用“对折法 A”（p.66）连接在钥匙环上。B 绳的左、右长度请按照图示调整。

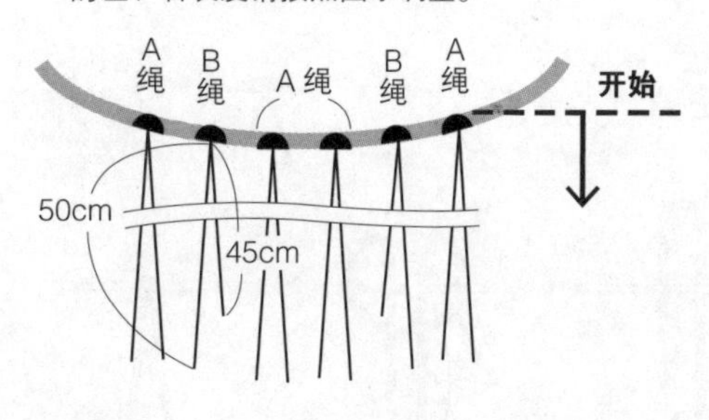

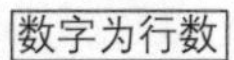

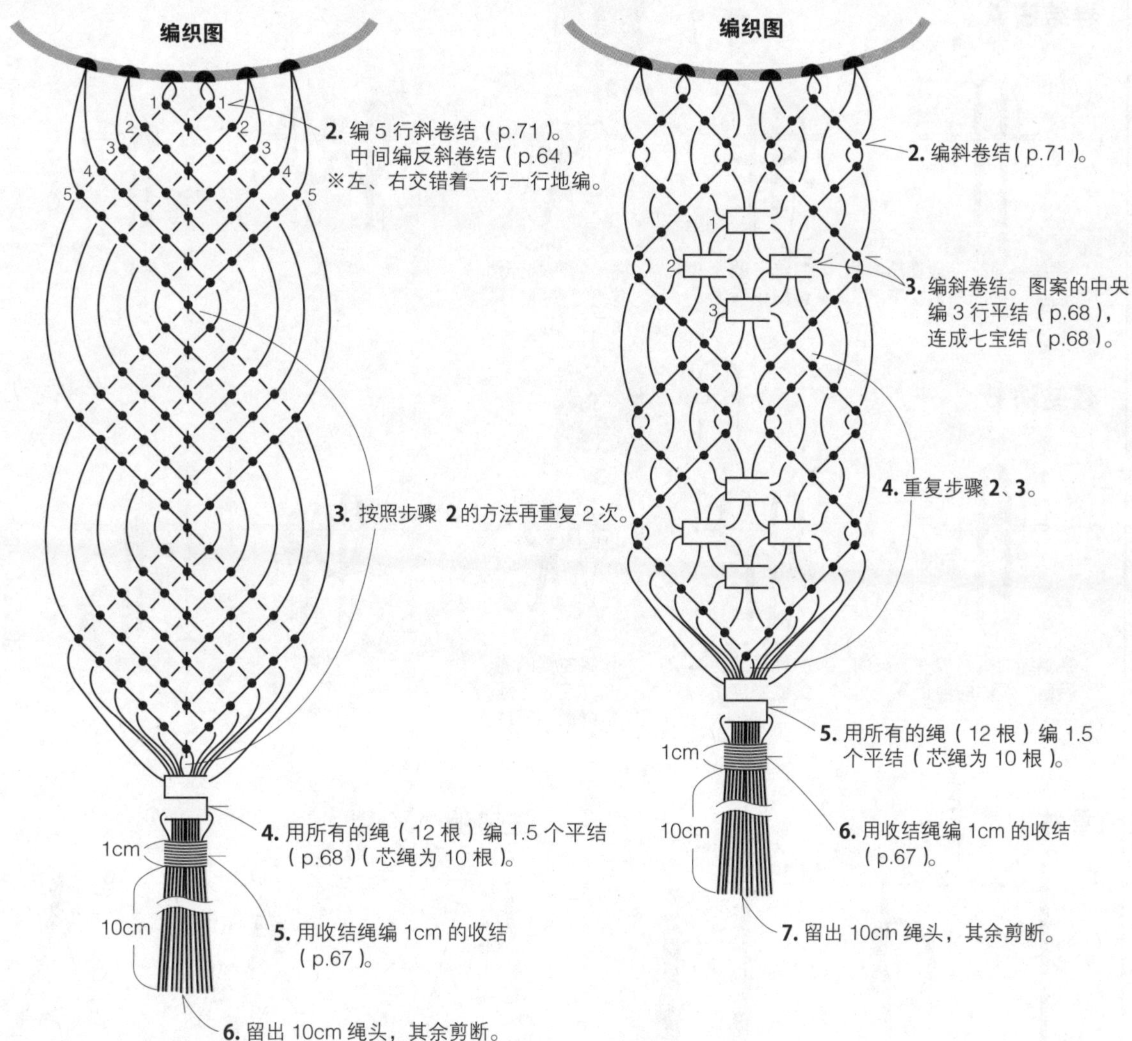

〈26〉

2. 编 5 行斜卷结（p.71）。中间编反斜卷结（p.64）
※左、右交错着一行一行地编。

3. 按照步骤 **2** 的方法再重复 2 次。

4. 用所有的绳（12 根）编 1.5 个平结（p.68）（芯绳为 10 根）。

5. 用收结绳编 1cm 的收结（p.67）。

6. 留出 10cm 绳头，其余剪断。

〈27〉

2. 编斜卷结（p.71）。

3. 编斜卷结。图案的中央编 3 行平结（p.68），连成七宝结（p.68）。

4. 重复步骤 **2**、**3**。

5. 用所有的绳（12 根）编 1.5 个平结（芯绳为 10 根）。

6. 用收结绳编 1cm 的收结（p.67）。

7. 留出 10cm 绳头，其余剪断。

Macrame 绳结编织的基础技法

对折法 A

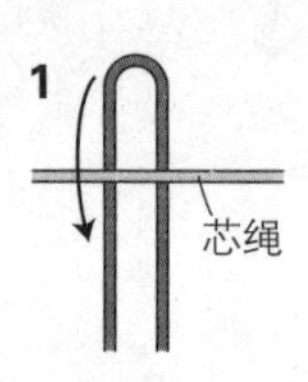

将编绳对折，放在芯绳的后面。绳圈向前折下。

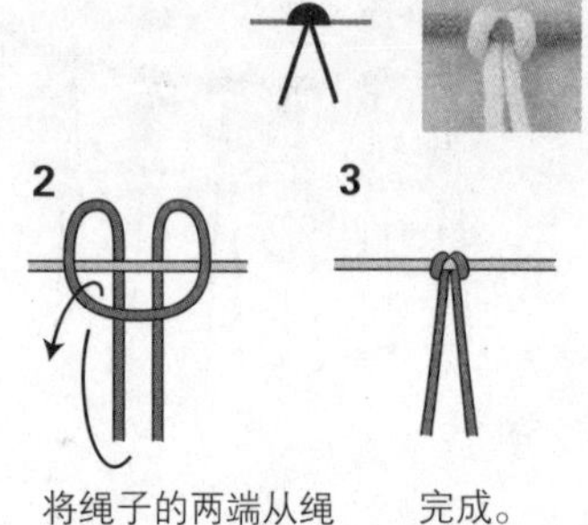

将绳子的两端从绳圈中穿出，拉紧。

完成。

对折法 B

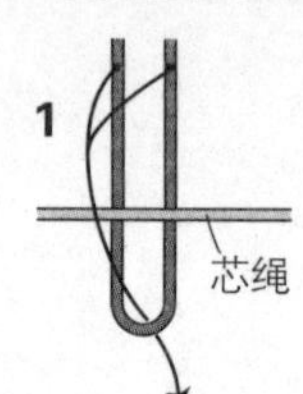

将编绳对折，放在芯绳的后面。将绳子的两端从绳圈中穿过。

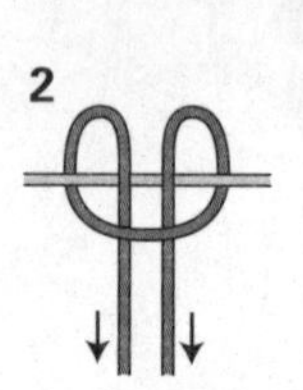

拉紧绳子。

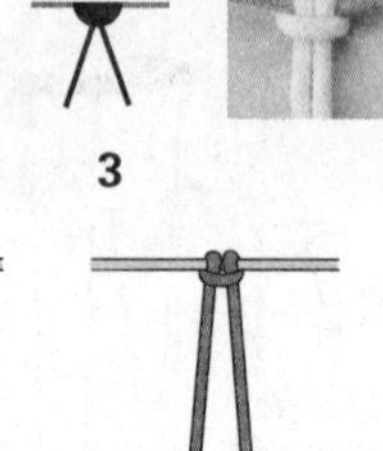

完成。

卷结法 A

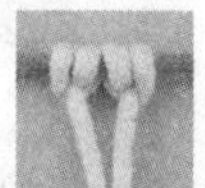

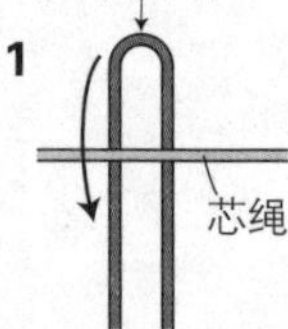

将编绳对折，放在芯绳的后面。绳圈向前折下。

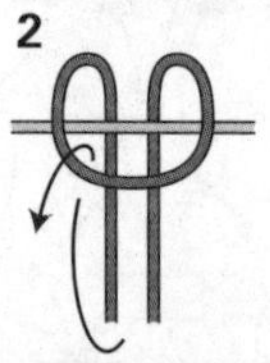

将绳子的两端从绳圈中穿出。

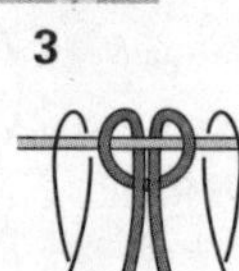

绳子的两端分别向前绕过芯绳，从绳圈中穿出。

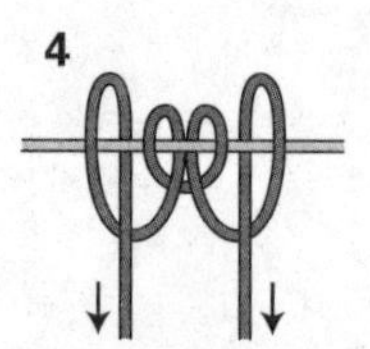

拉紧。

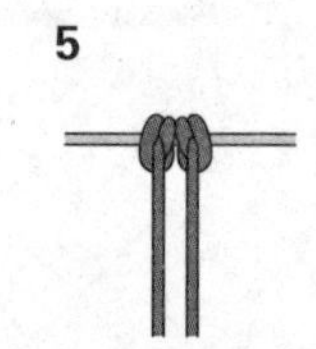

完成。

卷结法 B

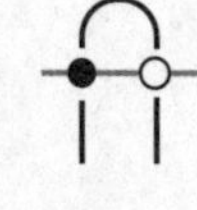

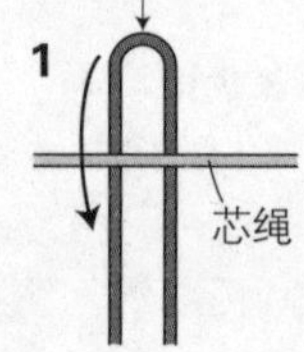

将编绳对折，放在芯绳的后面。绳圈向前折下。

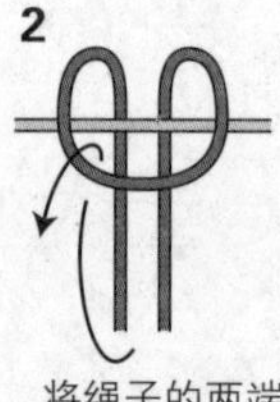

将绳子的两端从绳圈中穿出。

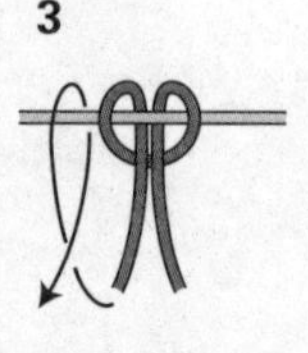

只将左侧的绳子向前绕过芯绳，从绳圈中穿过。

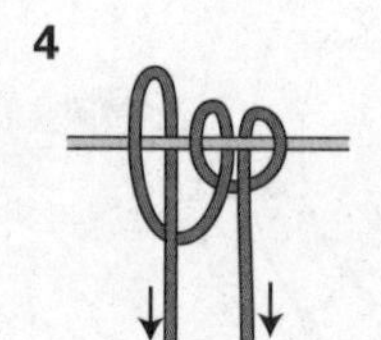

拉紧。

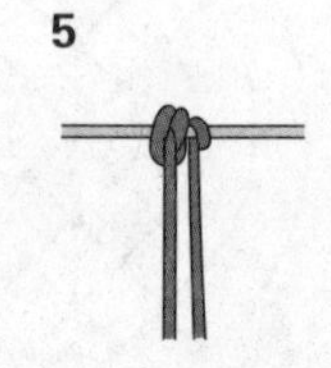

完成。

单结

1

2

拉紧一端。

3

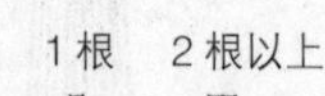

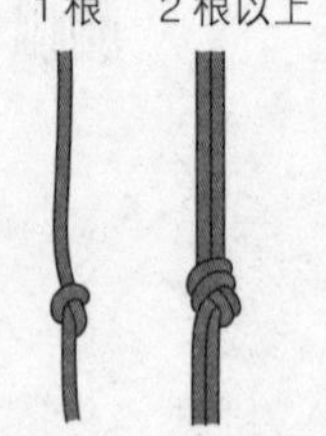

当绳子为 2 根以上的话，先整理归成一束，然后整束编单结。

三股编

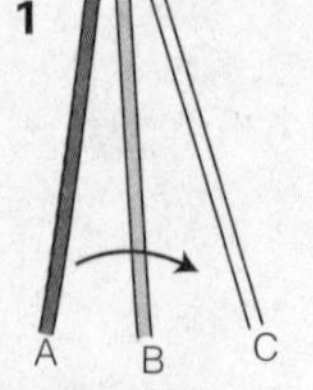

将 A 放在 B 和 C 之间。

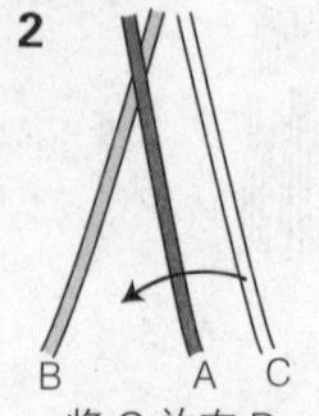

将 C 放在 B 和 A 之间。

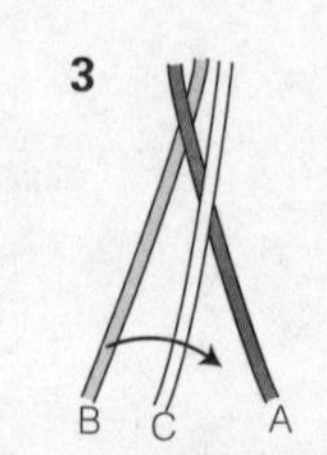

左、右交错着编织。

本结

1

将绳子如图放好，按照箭头的方向编织。

2

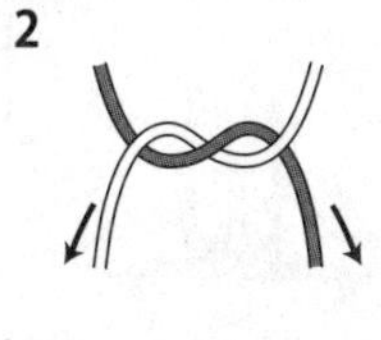

拉紧。

3

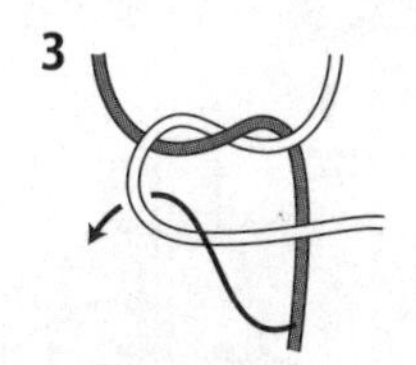

将绳子如图放好，按照箭头的方向再编 1 次。

4

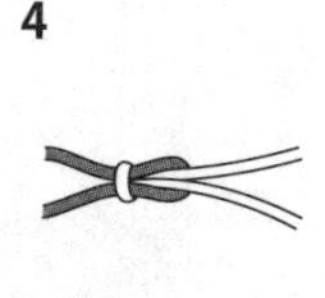

拉紧，完成。

收结（捆扎结）

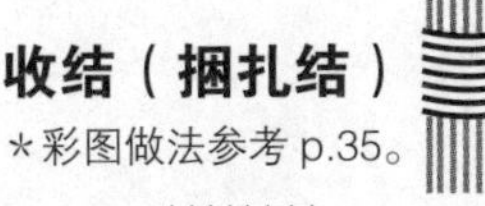

*彩图做法参考 p.35。

1

将 1 根绳子折一个绳圈，并重叠于想要打结的绳上，如图一圈一圈地缠绕。

2

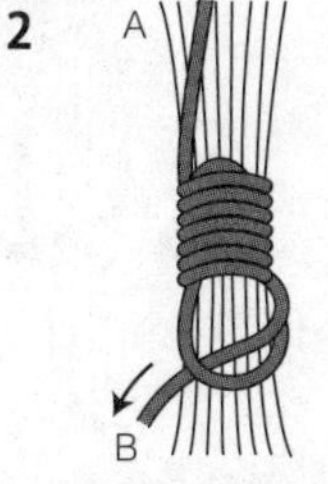

缠到指定的长度时，将 B 端从下面的绳圈中穿过。

3

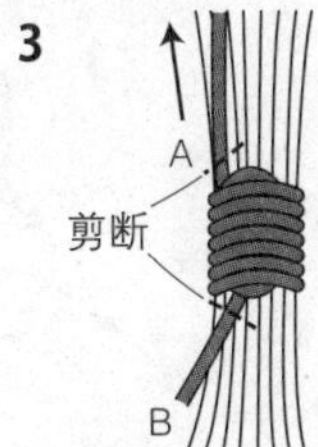

拉紧 A 端，直到下面的绳圈藏到缠绕好的绳子中，固定。剪掉 A 和 B 的绳头。

左扭结

*彩图做法参考 p.30。

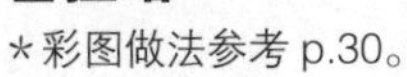

1

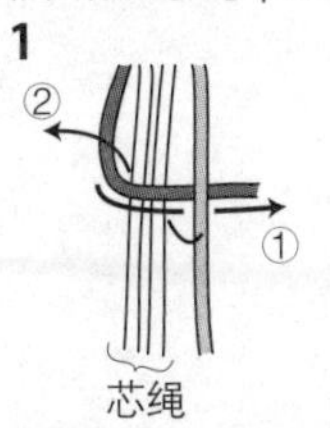

从左侧的绳子开始按照图示①、②的顺序交叉 2 根绳。

2

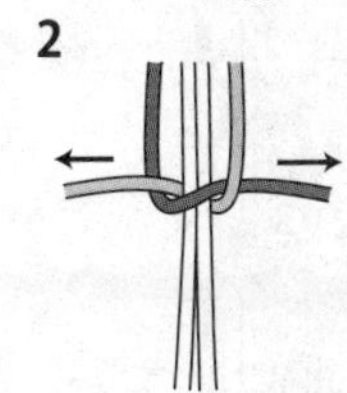

双手向左、右拉紧绳子。这是 1 个左扭结。

3

重复步骤 **1**、**2**。一般编 5 个扭结时，结的方向就会扭转 180°，这时可以变换左、右绳子的顺序。

4

向上推，收紧结体。

右扭结

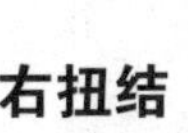

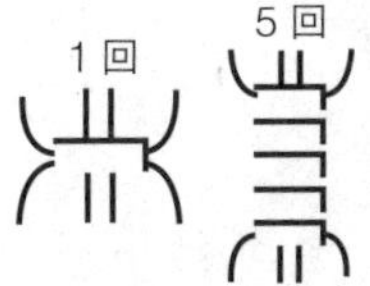

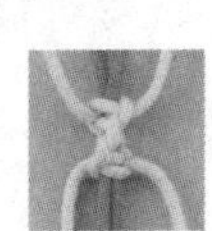

*彩图做法参考 p.31。

1

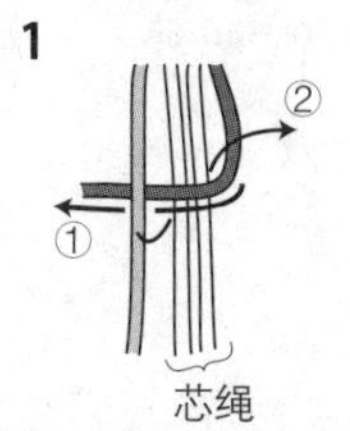

从右侧的绳子开始按照图示①、②的顺序交叉 2 根绳。

2

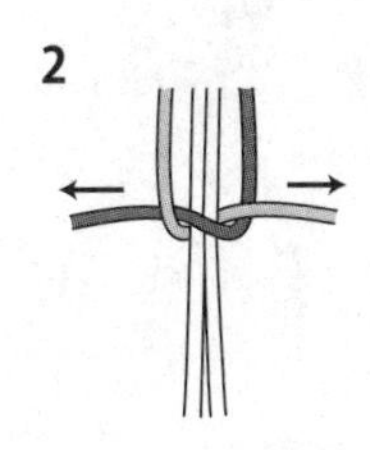

双手向左、右拉紧绳子。这是 1 个右扭结。

3

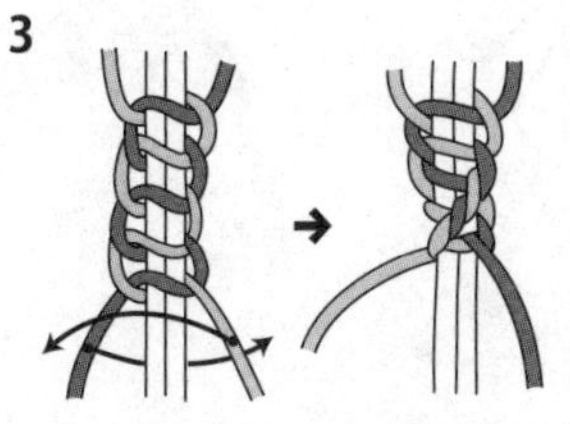

重复步骤 **1**、**2**。一般编 5 个扭结时，结的方向就会扭转 180°，这时可以变换左、右绳子的顺序。

4

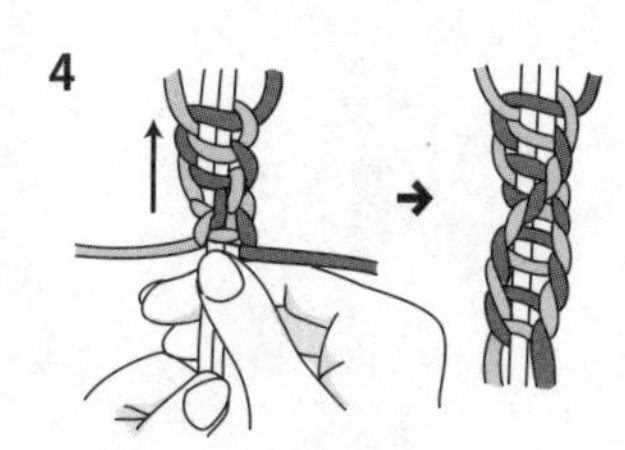

向上推，收紧结体。

平结（左上平结）

*彩图做法参考 p.28。

※芯绳的数量依据作品而定。
【○根一起】的○是指编绳的根数。

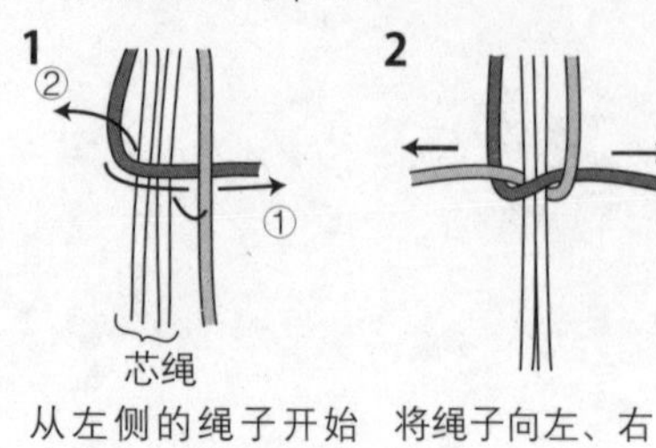

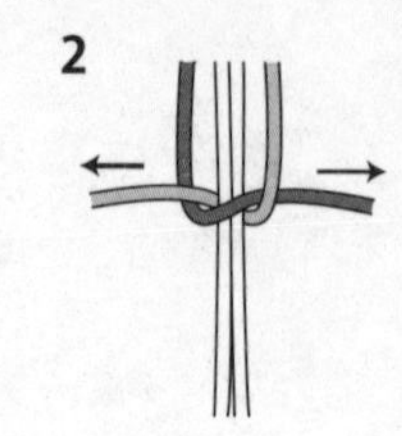

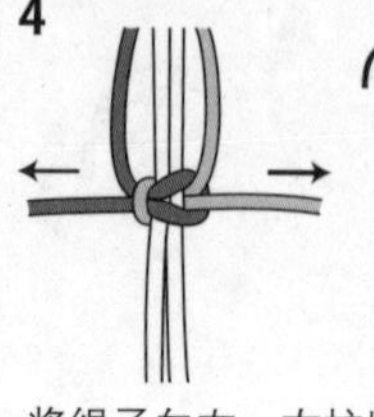

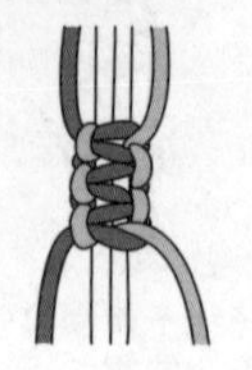

重复步骤 1~4……

从左侧的绳子开始按照图示①、②的顺序交叉 2 根绳。

将绳子向左、右拉紧。

从右侧的绳子开始按照图示①、②的顺序交叉 2 根绳。

将绳子向左、右拉紧，完成 1 个左上平结。

平结（右上平结）

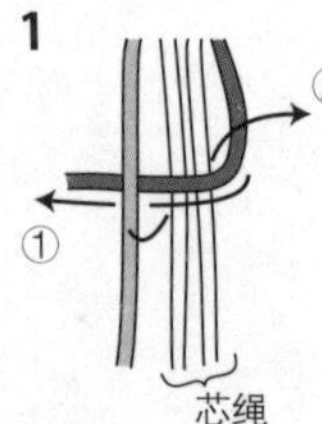

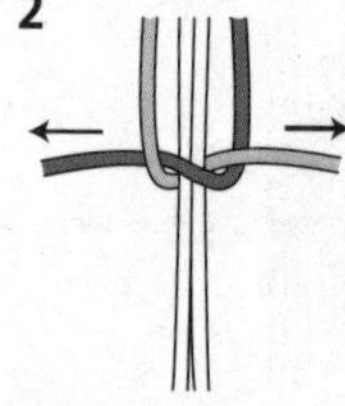

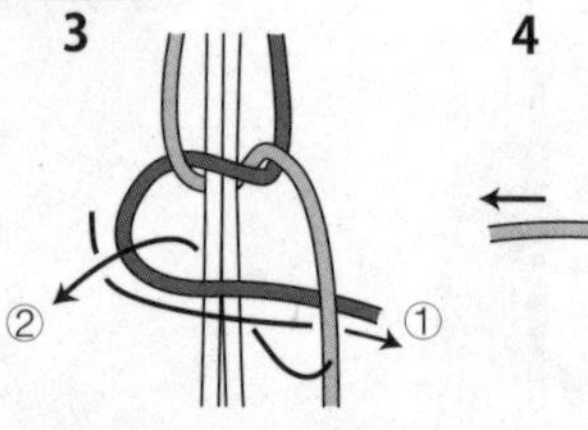

从右侧的绳子开始按照图示①、②的顺序交叉 2 根绳。

将绳子向左、右拉紧。

从左侧的绳子开始按照图示①、②的顺序交叉 2 根绳。

将绳子向左、右拉紧，完成 1 个右上平结。

七宝结

*彩图做法参考 p.29。

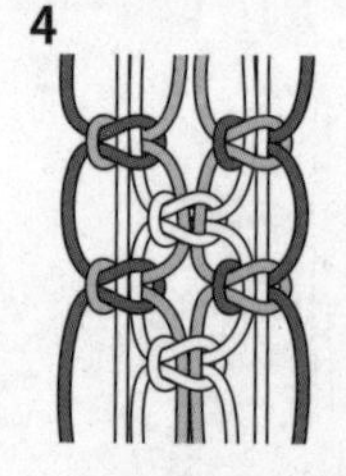

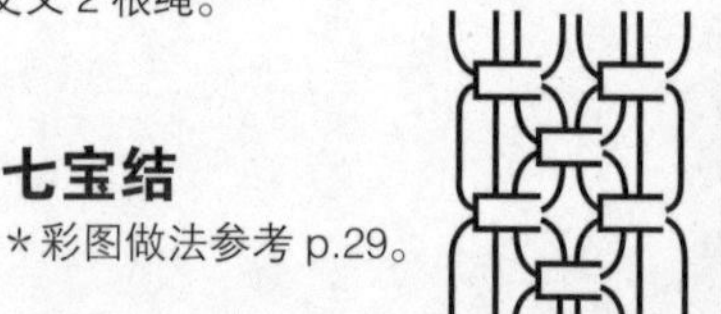

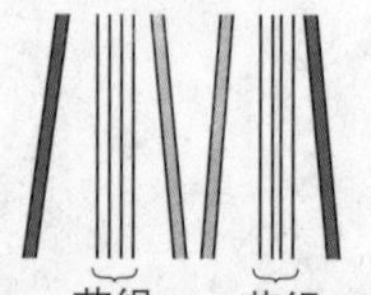

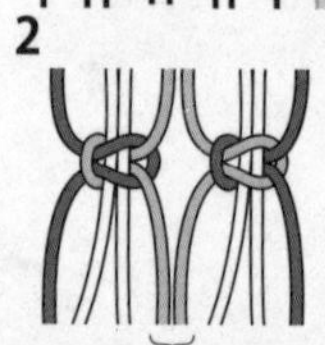

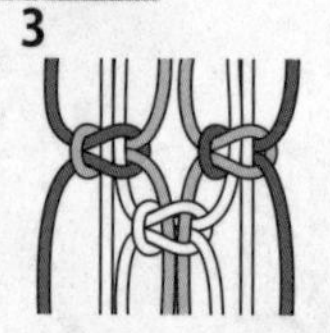

4

将2根绳作为芯绳，左、右各编1个平结，作为第一行。

第二行用中间的 4 根绳编平结。将第一行的 2 根编绳作为芯绳。

把芯绳两边的绳子作为编绳，编织平结。

同样的方法继续编几行，就成了七宝结的样子。可以根据作品的需要调整绳结的行数。

3 个平结的车库结

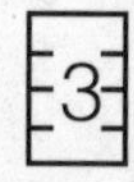

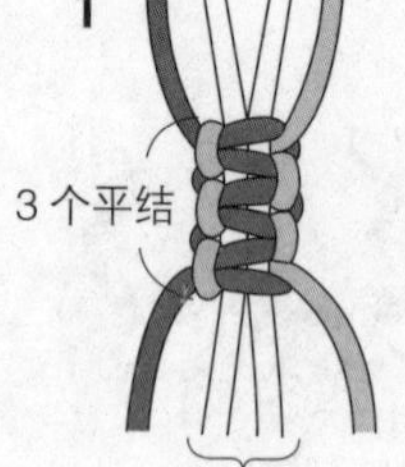

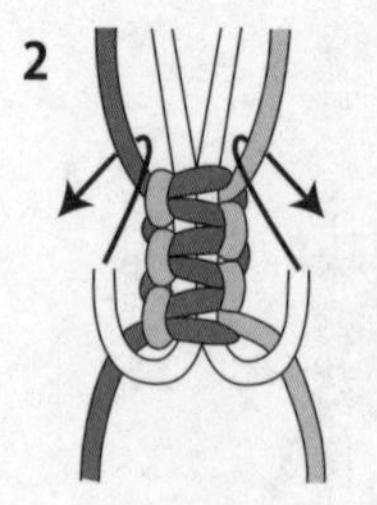

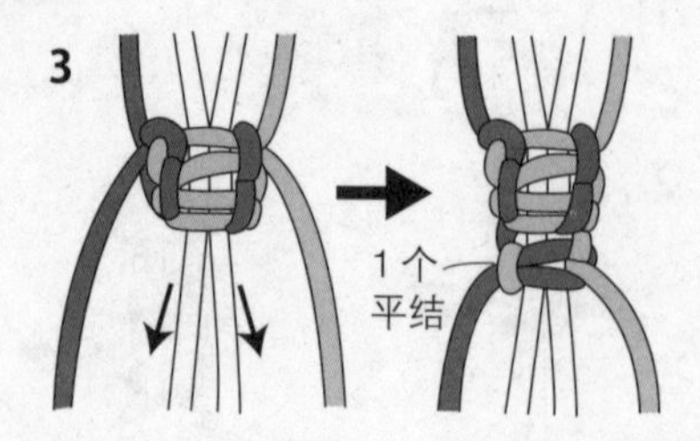

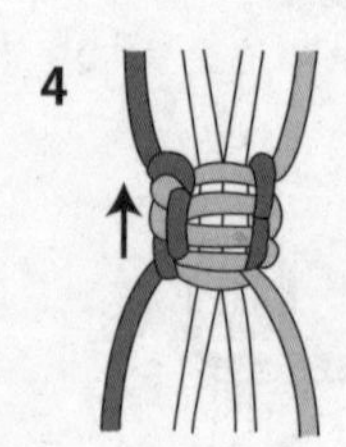

编 3 个平结。

将芯绳用钳子或钩针从上面的芯绳和编绳中间穿过去。

向下拉芯绳，将结的部分向上卷形成一个球形。在下面编 1 个平结。

拿住芯绳，将结向上拉。完成。

卷结的符号

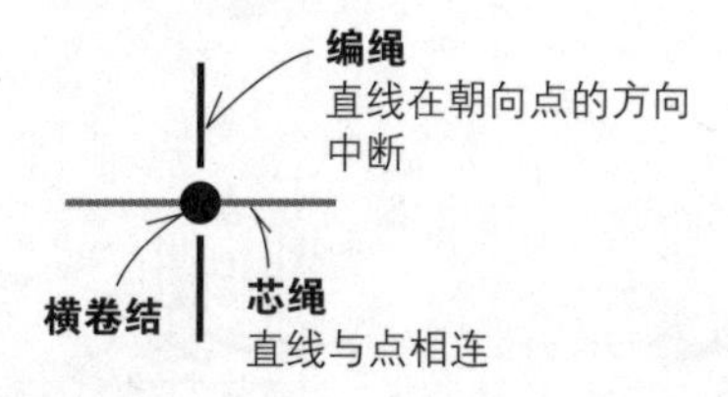

横卷结

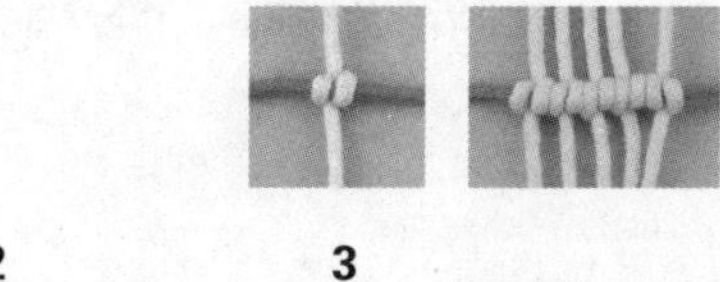

从左至右

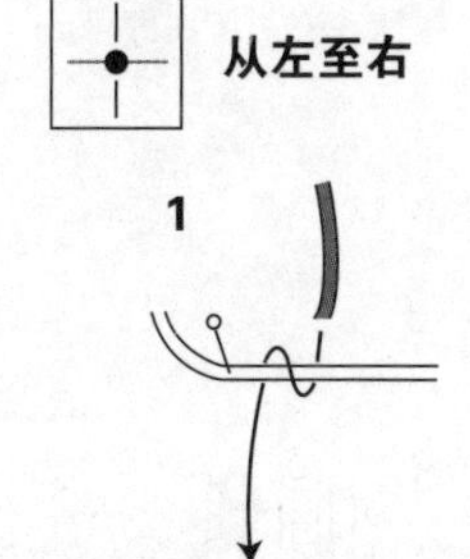

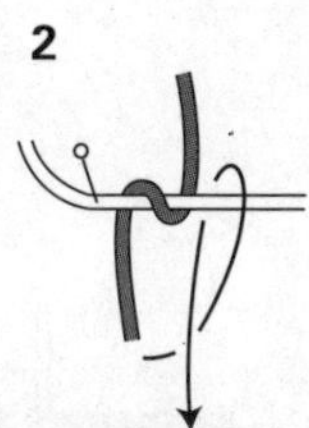

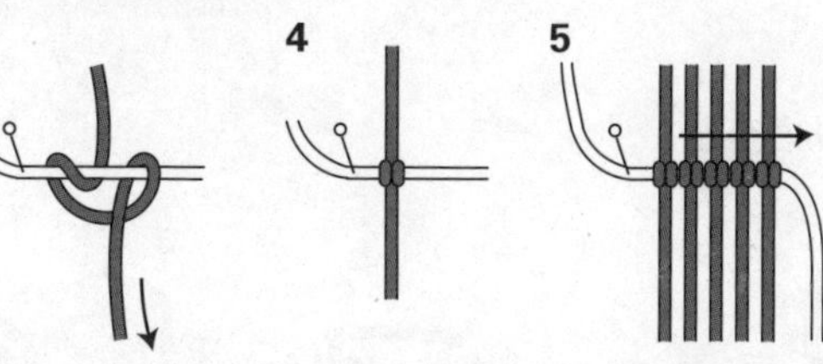

1 将芯绳用定位钉横向固定。将编绳纵向放置，从芯绳的下、上、下的方向缠绕，并拉紧。

2 继续按照箭头的方向，把编绳缠绕在芯绳上，并穿过下面的绳圈。

3 拉紧下面的编绳。

4 1个结就完成了。

5 若想要增加结的数量，继续在右边编织即可。

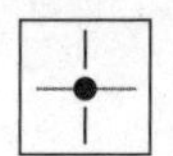

从右至左

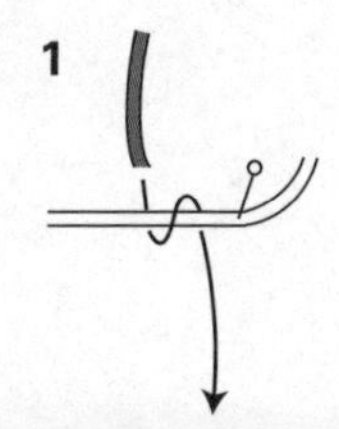

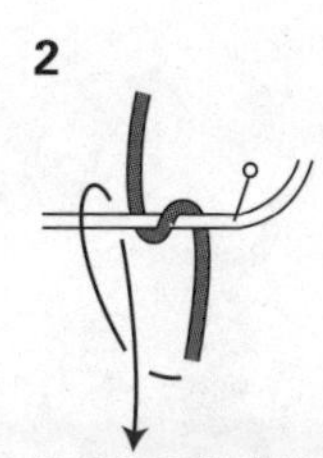

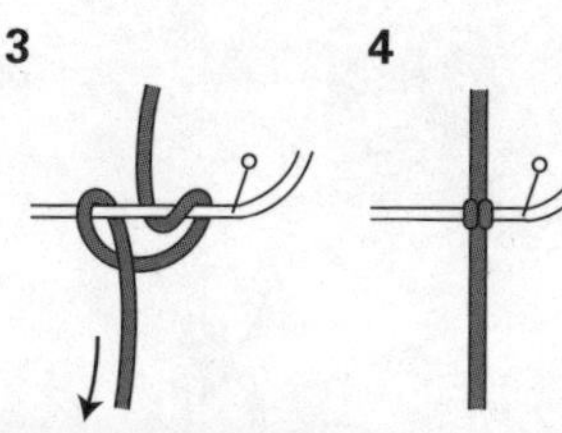

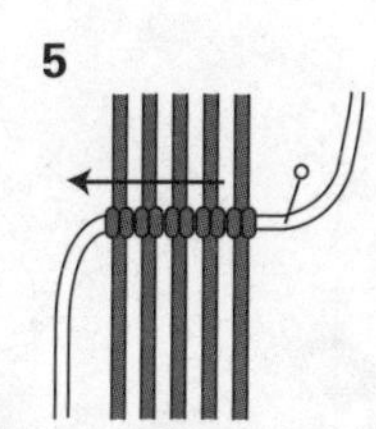

1 将芯绳用定位钉横向固定。将编绳纵向放置，从芯绳的下、上、下的方向缠绕，并拉紧。

2 继续按照箭头的方向，把编绳缠绕在芯绳上，并穿过下面的绳圈。

3 拉紧下面的编绳。

4 1个结就完成了。

5 若想要增加结的数量，继续在左边编织即可。

增加行数

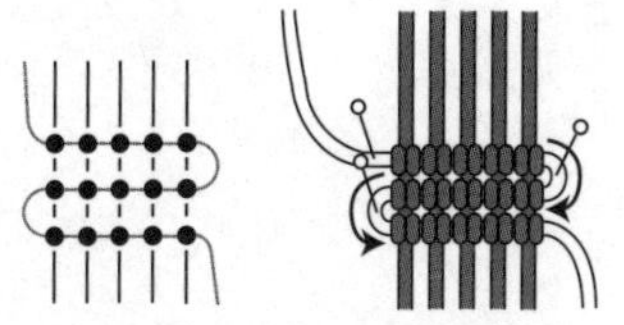

编完一行后，将芯绳按照箭头的方向弯折，继续编织，尽量不要与上一行的结相隔太远。

斜着增加行数

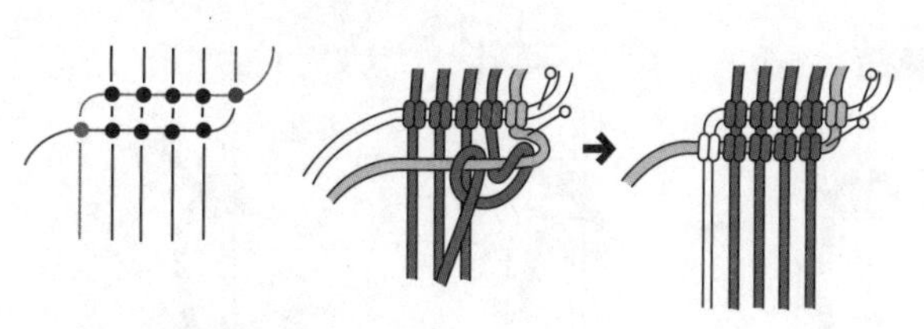

每一行都改变芯绳。
上一行的芯绳，在下一行中则变为编绳。

纵卷结

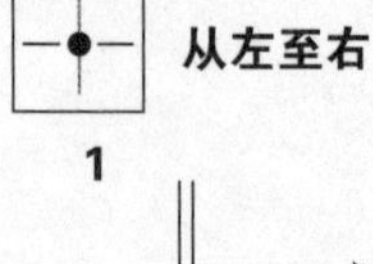

从左至右

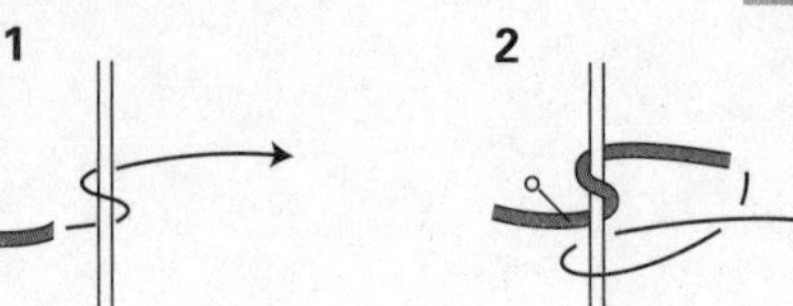

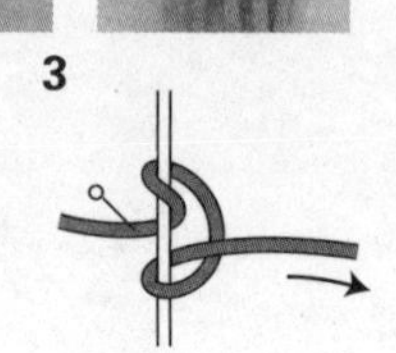

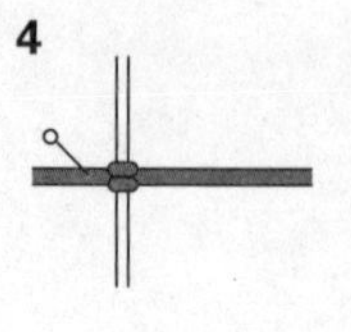

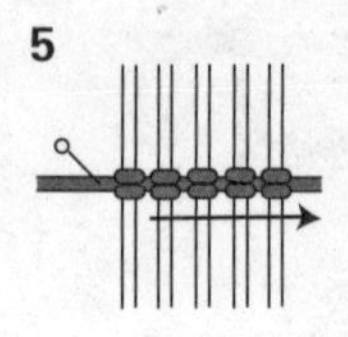

1. 将芯绳用定位钉纵向固定。将编绳横向放置，从芯绳的下、上、下的方向缠绕，并拉紧。
2. 继续按照箭头的方向，把编绳缠绕在芯绳上，并穿过右边的绳圈。
3. 拉紧右侧的编绳。
4. 1个结就完成了。
5. 若想要增加结的数量，继续在右边编织即可。

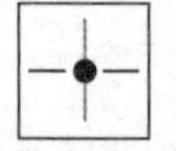

从右至左

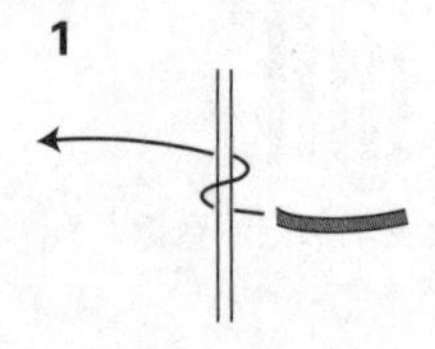

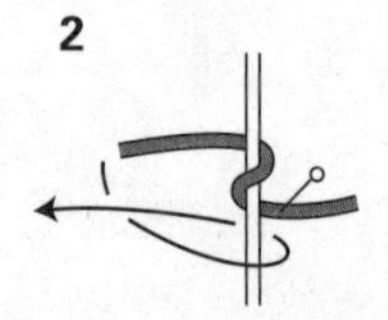

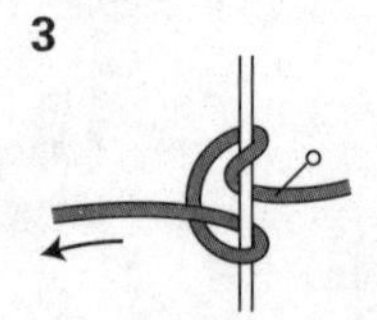

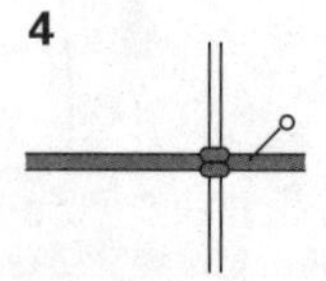

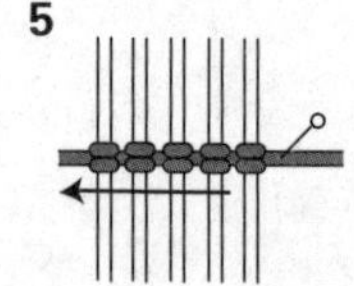

1. 将芯绳用定位钉纵向固定。将编绳横向放置，从芯绳的下、上、下的方向缠绕，并拉紧。
2. 继续按照箭头的方向，把编绳缠绕在芯绳上，并穿过左边的绳圈。
3. 拉紧左侧的编绳。
4. 1个结就完成了。
5. 若想要增加结的数量，继续在左边编织即可。

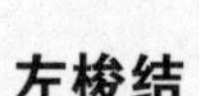

左梭结

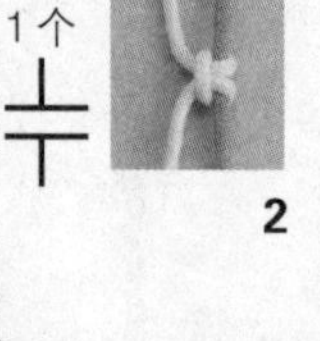

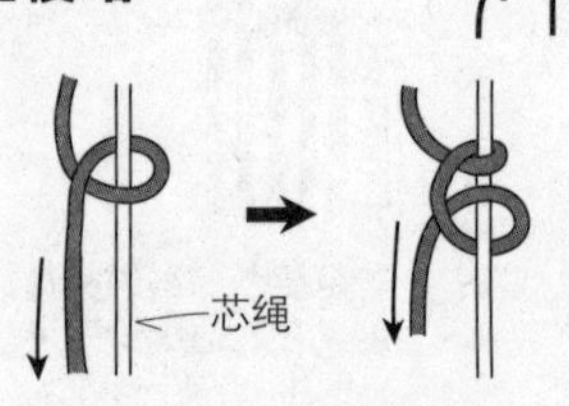

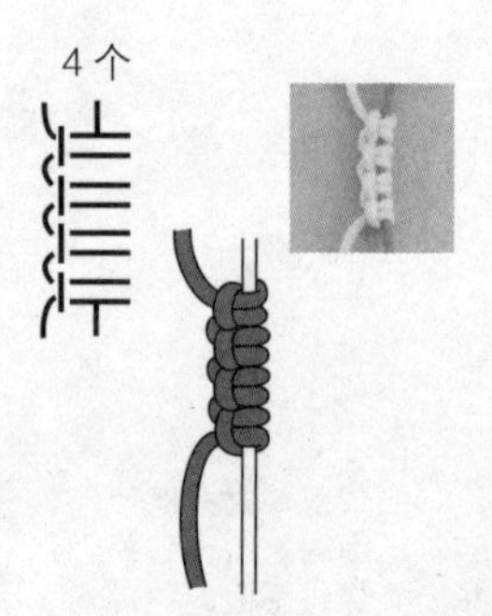

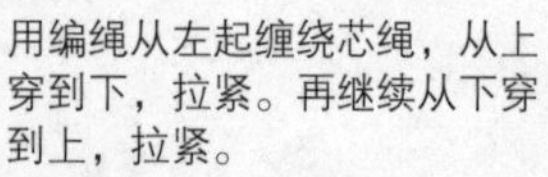

1. 用编绳从左起缠绕芯绳，从上穿到下，拉紧。再继续从下穿到上，拉紧。
2. 编绳在左侧，1个结就完成了。

※在编织的时候，要随时拉紧结体，才能编出没有空隙的漂亮的结。

右梭结

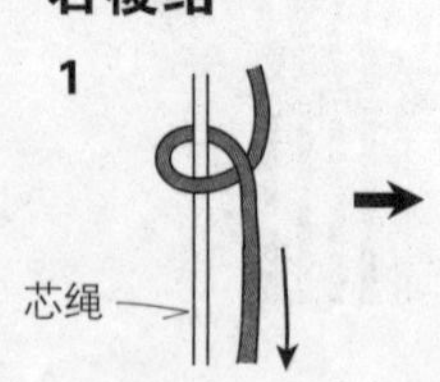

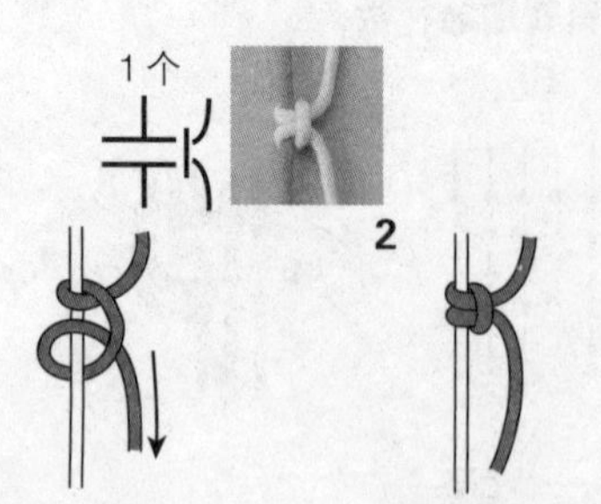

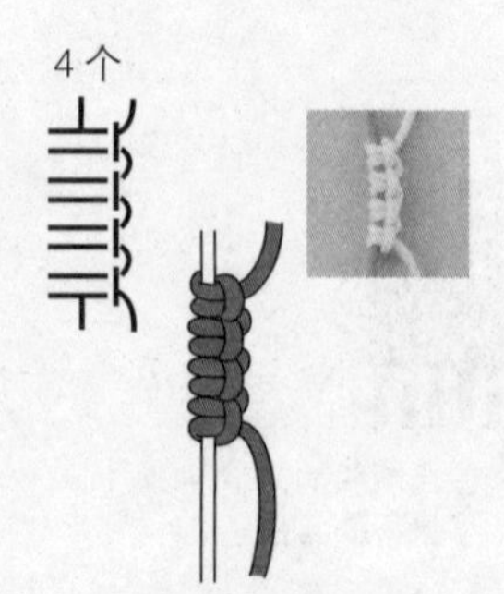

1. 用编绳从右起缠绕芯绳，从上穿到下，拉紧。再继续从下穿到上，拉紧。
2. 编绳在右侧，1个结就完成了。

※在编织的时候，要随时拉紧结体，才能编出没有空隙的漂亮的结。

斜卷结

＊彩图做法参考 p.36。

向右下

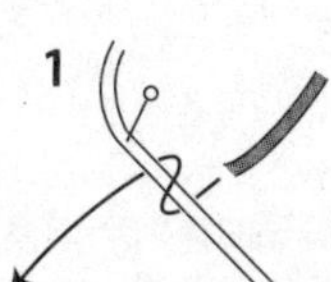

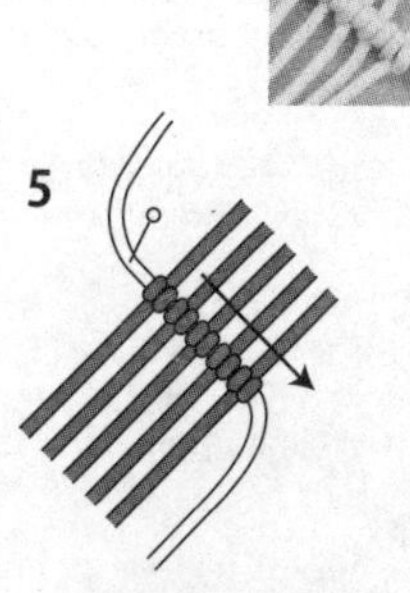

1 将芯绳用定位钉斜着固定。编绳从芯绳的下、上、下缠绕，并拉紧。

2 继续按照箭头的方向，从芯绳的上、下缠绕，并穿过下面的绳圈。

3 拉紧下边的编绳。

4 1 个结就完成了。

5 若想要增加结的数量，继续在右侧编织即可。

向左下

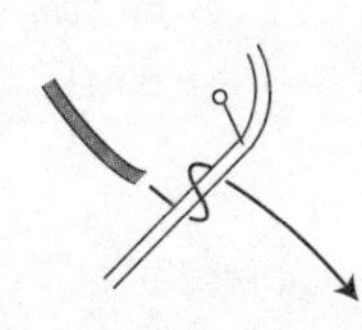

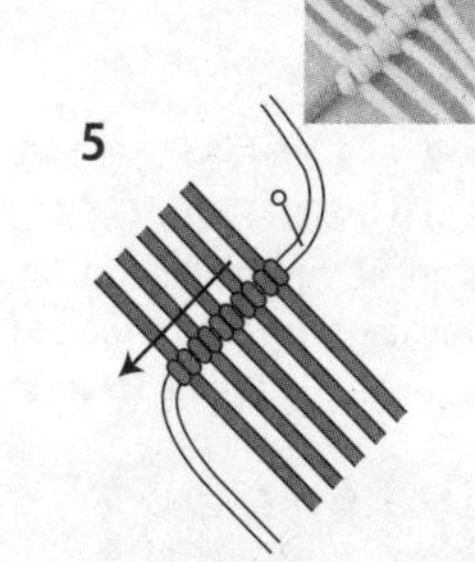

1 将芯绳用定位钉斜着固定。编绳从芯绳的下、上、下缠绕，并拉紧。

2 继续按照箭头的方向，从芯绳的上、下缠绕，并穿过下面的绳圈。

3 拉紧下边的编绳。

4 1 个结就完成了。

5 若想要增加结的数量，继续在左侧编织即可。

Z 形编织

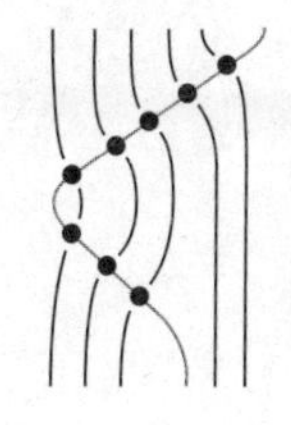

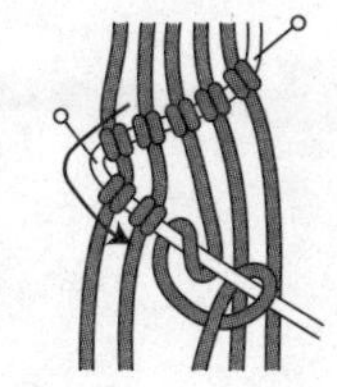

编织的过程中，不断向左、右交错着弯折芯绳，就会形成 Z 形编织。

斜着增加行数

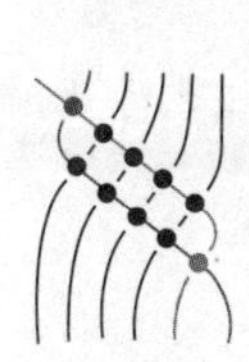

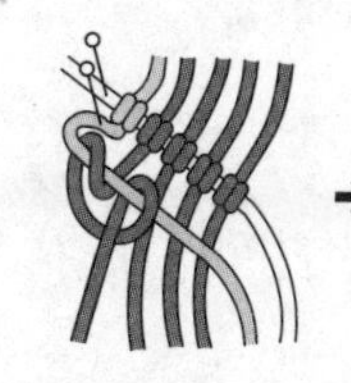

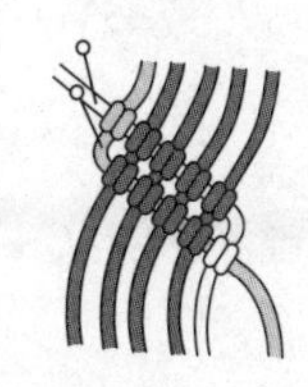

每一行都改变芯绳。
上一行的芯绳，在下一行中则变为编绳。

中央十字结

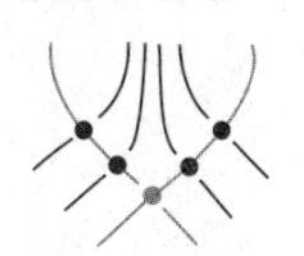

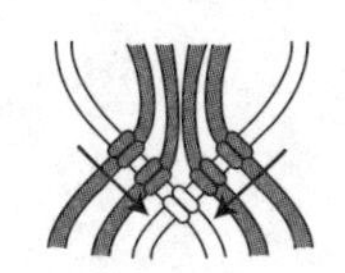

左、右各编 2 个斜卷结。
中间的部分用 2 根芯绳中的 1 根当编绳，编 1 个左下斜卷结。

作者介绍

anudo
经常在中美洲、南美洲各国旅行，从当地的自然、文化中汲取灵感，创作作品。以东京为据点开展作品制作、材料售卖、讲课、出版等活动。著有《一天能完成的Macrame饰品》（世界文化社）。
●https://www.instagram.com/anudo_macrame/

Uri
以挂毯为主制作了各种各样的作品，主要在东京开展各项活动。
●https://www.instagram.com/macrameeverywhere/

加藤成实
把Macrame绳编与珠子等不同的素材结合，做成各种饰品。在东京近郊的3个地方开设了教室。
●https://www.instagram.com/narumikatou/

宅间千津
用绳子打结、编织，就能做出平面的或立体的Macrame作品，感受到自由创作的魅力。在奈良、大阪担任Macrame教室的讲师。著有《Macrame包包和小物件》（诚文堂新光社）。
●https://www.instagram.com/macrame_chizu

tama5
因为参加手工制作的活动时被麻绳编织的饰品吸引，从而开始制作Macrame作品。在童话艺术工作室举办研讨会。

萩野 昌
在国外迷上了Macrame作品，擅长设计像蕾丝一样的作品。以新潟为据点发表、展示作品。
●https://www.instagram.com/tami_designs

瞳 硝子
在日本Macrame普及协会取得指导员资格。担任乐习论坛“Macrame首饰认定讲座”课程的编导兼课程设计者。
●https://ameblo.jp/gankyu2/

macco
在墨西哥开始制作Macrame，作品以饰品为主，在日本关西地区举办研讨会。
●https://www.instagram.com/maccomacrame

松田纱和
擅长古典的蕾丝作品，探索各种主题和图案的可能性。生活在日本关西地区，主要以那里为中心发表作品、参加活动。著有《Macrame蕾丝饰品》（文化出版局）等。
●https://www.instagram.com/matsuda_sawa_lace/

Märchen art studio（童话艺术工作室）
通过出版物和研讨会以传达绳结文化为使命的创意工作室。以东京的两国地区为中心开展活动。
●https://www.instagram.com/marchen_art/

图书在版编目（CIP）数据

Macrame经典绳结编织挂毯和小物/日本主妇之友社编著；褚天姿译. —郑州：河南科学技术出版社，2020.10（2023.4重印）
ISBN 978-7-5349-8154-8

Ⅰ.①M… Ⅱ.①日… ②褚… Ⅲ.①绳结-手工艺品-制作-日本 Ⅳ.①TS935.5

中国版本图书馆CIP数据核字（2020）第034385号

出版发行：河南科学技术出版社
地址：郑州市郑东新区祥盛街27号　邮编：450016
电话：（0371）65737028　65788613
网址：www.hnstp.cn
策划编辑：梁莹莹
责任编辑：梁莹莹
责任校对：金兰苹
封面设计：张　伟
责任印制：张艳芳
印　　刷：三河市同力彩印有限公司
经　　销：全国新华书店
开　　本：787 mm×1092 mm　1/16　印张：4.5　字数：180千字
版　　次：2023年4月第2次印刷
定　　价：98.00元

如发现印、装质量问题，影响阅读，请与出版社联系并调换。